建筑设计要素丛书

建筑中庭

Building Atrium

顾馥保　编著

中国建筑工业出版社

图书在版编目（CIP）数据

建筑中庭 = Building Atrium / 顾馥保编著. — 北京：中国建筑工业出版社，2022.6
（建筑设计要素丛书）
ISBN 978-7-112-27235-8

Ⅰ.①建… Ⅱ.①顾… Ⅲ.①庭院—园林设计 Ⅳ.①TU986.2

中国版本图书馆CIP数据核字（2022）第047665号

责任编辑：唐　旭　吴　绫
文字编辑：李东禧　孙　硕
书籍设计：锋尚设计
责任校对：赵　菲

建筑设计要素丛书
建筑中庭
Building Atrium
顾馥保　编著
*
中国建筑工业出版社出版、发行（北京海淀三里河路9号）
各地新华书店、建筑书店经销
北京锋尚制版有限公司制版
北京中科印刷有限公司印刷
*
开本：787毫米×1092毫米　1/16　印张：12¼　字数：243千字
2022年8月第一版　2022年8月第一次印刷
定价：**48.00**元
ISBN 978-7-112-27235-8
（37926）

总序

何为建筑？

何为建筑设计？

这些建筑的基本问题和思考，不同的建筑师有着不同的体会和答案。

就建筑形式和构成而言，建筑是由多个要素构成的空间实体，建筑设计就是对相关要素的组合，所谓设计能力亦是对建筑要素的组合能力。

那么，何为建筑要素？

建筑要素是个大的范畴和体系，有主从之分和相互交叉。本丛书结合已建成的优秀案例，选取九个要素，即建筑中庭、建筑入口、建筑庭院、建筑外墙、建筑细部、建筑楼梯、外部环境、绿色建筑和自然要素，图文并茂地进行分析、总结，意在论述各要素的形成、类型、特点和方法，从设计要素方面切入设计过程，给建筑学以及相关专业的学生在高年级学习和毕业设计时作为参考书，成为设计人员的设计资料。

我们在教学和设计实践中往往遇到类似的问题，如有一个好的想法或构思，但方案继续深化，就会遇到诸如“外墙如何开窗？入口形态和建筑细部如何处理？建筑与外部环境如何融合？建筑中庭或庭院在功能和形式上如何组织？”等具体的设计问题；再如，一年级学生在建筑初步中所做的空间构成，非常丰富而富有想象力，但到了高年级，一结合功能、环境和具体的设计要求就会显得无所适从，不少同学就会出现一强调功能就是矩形平面，一讲造型丰富就用曲线这样的极端现象。本丛书就像一本“字典”，对不同要素的建筑“语言”进行了总结和展示，可启发设计者的灵感，犹如一把实用的小刀，帮助建筑设计师游刃有余地处理建筑设计中各要素之间的关联，更好地完成建筑设计创作，亦是笔者最开心的事。

经过40多年来的改革开放，中国取得了举世瞩目的建设成就，涌现出大量具有时代特色的建筑作品，也从侧面反映了当代建筑教育的发展。从20世纪80年代的十几所院校到如今的300多所，我国培养了一批批建筑设计人才，成为设计、管理、教育等各行业的专业骨干。从建筑教育而言，国内高校大多采用类型的教学方法，即在专业课建筑设计教学中，从二年级到毕业设计，通过不同的类型，从小到大，由易至难，从不同类型的特殊性中学习建筑的共性，即建筑设计的理论和方法，这是专业教育的主线。而建筑初步、建筑历史、建筑结构、建筑构造、城乡规划和美术等课程作为基础课和辅线，完成对建筑师的共同塑造。虽然在进入21世纪后，各高校都在进行教学改革，致力于宽基础、强专业的执业建筑师培养，各具特色，但类型的设计本质上仍未改变。

本书中所研究的建筑要素，就是建筑不同类型中的共性，有助于专业人士在建筑教学过程中和设计实践中不断地总结并提高认识，在设计手法和方法上融会贯通，不断与时俱进。

这就是建筑要素的重要性所在，两年前郑州大学建筑学院顾馥保教授提出了编写本丛书的构想并指导了丛书的编写工作。顾老师1956年毕业于南京工学院建筑学专业（现东南大学），先后在天津大学、郑州大学任教，几十年的建筑教育和创作经历，成果颇丰。郑州大学建筑学院组织学院及省内外高校教师，多次讨论选题和编写提纲，各分册以1/3理论、2/3案例分析组成，共同完成丛书的编写工作。本丛书的成果不仅是对建筑教学和建筑创作的总结，亦是从建筑的基本要素、基本理论、基本手法等方面对建筑设计基本问题的回归和设计方法的提升，其中大量新建筑、新观念、新手法的介绍，也从一个侧面反映了国内外建筑创作的发展和进步。本书将这些内容都及时地梳理和总结，以期对建筑教学和创作水平的提升有所帮助。这亦是本丛书的特点和目标。

谨此为序。在此感谢参与丛书编写的老师们的工作和努力，感谢中国建筑出版传媒有限公司（中国建筑工业出版社）胡永旭副总编辑、唐旭主任、吴绫副主任对本丛书的支持和帮助！感谢李东禧编审、孙硕编辑、陈畅编辑的辛苦工作！也恳请专家和广大读者批评、斧正。

郑东军

2021年10月26日

于郑州大学建筑学院

前言

在不同类型的大中型公共建筑项目中，如行政办公、文化博览、教育科技、旅游宾馆、商业、交通，中庭的布局作为主要的设计要素广泛地被吸收、采纳，成为创造内部空间环境的一种手段与方法，本书以商业建筑的中庭为主线，吸纳一些其他类型项目的中庭实践作为补充，一则以展示我国改革开放以来经济发展在大中城市中商业建筑以及公建项目中五彩缤纷、光鲜灿烂的建筑风貌与空间创造，同时也为广大建筑师在建筑设计与空间创造中的创新起到相互交流、启示的作用；此外，结合中庭的起源，中庭设计涉及的诸多方面如类型、功能、形态、垂直交通、布局、安全疏散等进行简要的分析与叙述，以及将国内外在中庭设计的优秀选例进行介绍，以开拓视野，相互借鉴。

本书插图除作者自摄外，部分选自参考文献以及网络媒介等，未能详加标注，谨向原作者致以歉意与谢意。

本书承丛书编委会组织讨论提出宝贵意见，以及出版社及责任编辑的支持与出版，在此一一向他们表示衷心谢意。

目录

总序
前言

1 概论

1.1 中庭的缘起 / 2
1.2 中庭的功能与特征 / 8
1.3 中庭的要素 / 10
1.4 中庭的类型 / 10

2 中庭的设计

2.1 中庭的位置 / 30
2.2 中庭的平面 / 53
2.3 中庭的形状 / 54
2.4 中庭的流线分析 / 70
2.4.1 流线类型 / 70
2.4.2 通廊与天桥 / 77
2.5 中庭的尺度 / 82
2.5.1 中庭的宽度 / 86
2.5.2 中庭的高度 / 86

3 中庭的空间形态

3.1 空间形态 / 88
3.2 空间形态构成 / 89
3.3 界面处理 / 107
3.3.1 界面处理特点 / 107
3.3.2 界面处理的方式 / 108

3.3.3 界面分析 / 109
3.4 剖面形式 / 117

4 中庭的垂直交通体系

4.1 垂直交通类型 / 124
4.2 垂直交通设计 / 124
4.2.1 楼梯 / 124
4.2.2 自动扶梯 / 130
4.2.3 楼梯与自动扶梯联合 / 146
4.2.4 电梯 / 147
4.2.5 坡道 / 149

5 中庭的相关设计与措施

5.1 结构选型 / 154
5.1.1 柱网布置 / 154
5.1.2 天棚结构造型 / 155
5.2 安全疏散 / 158
5.2.1 安全措施 / 160
5.2.2 中庭防火设计 / 161
5.3 造型装置 / 163
5.3.1 外部造型 / 163
5.3.2 内部装修 / 166
5.4 文化与营销 / 173
5.4.1 文化特色 / 173
5.4.2 节庆装置 / 174
5.4.3 营销策略 / 176

附录 / 178
参考文献 / 188

1

概论

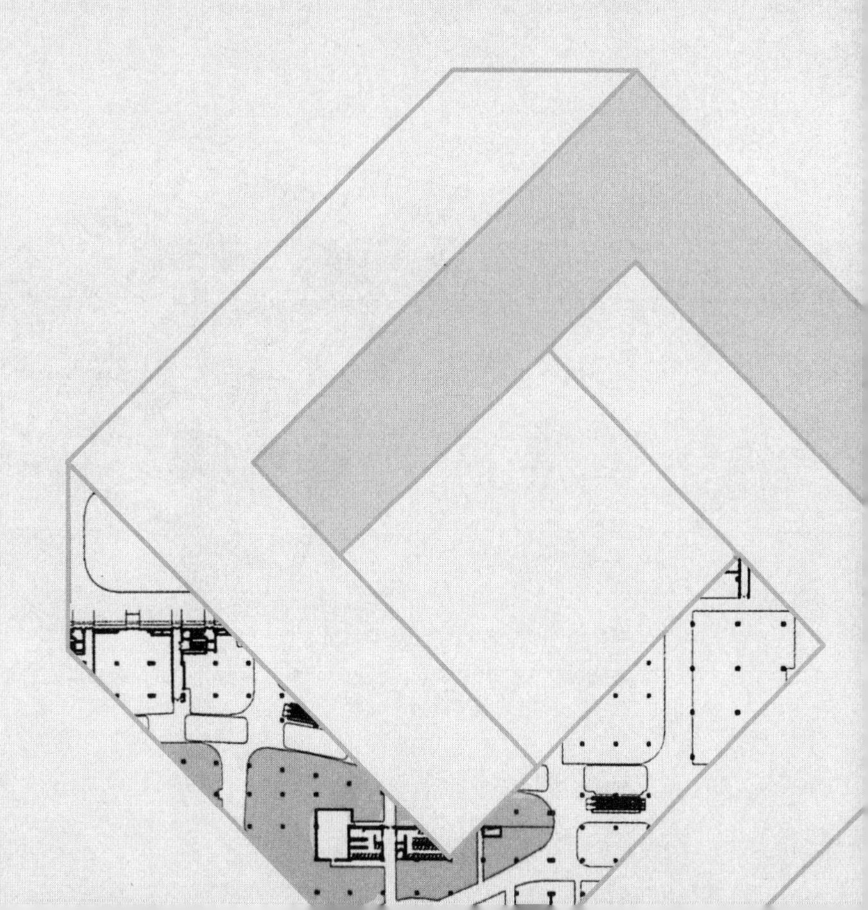

1.1 中庭的缘起

中庭，顾名思义，它是起源于建筑的庭院空间，建筑的各部分使用空间围绕着中心庭院——外部空间布置而成，这种古老的布局方式追溯其起源则是遥远的年代了。

中国传统建筑的厅、堂、轩、馆，或者堂屋、偏房、倒座，虽名称不同，但从四合院到宫殿、庙堂，其布局都是围绕着庭院形成群体关系。伴随着建筑单一内部使用空间的围护结构，发展多种功能的群体布局，共生形成了外部空间。庭院的空间延伸了内部空间，发挥其特有功能作用，反映了自然、气候与社会生活对布局的影响（图1–1–1）。

古罗马与伊斯兰早期建筑平面中清晰地显示庭院的作用与目的性。无论是罗马的公共浴场、官邸、教堂，伊斯兰教的清真寺、住宅无不将庭园作为建筑的中心布局，适应了社会与功能的需要、地区气候、技术与材料（图1–1–2、图1–1–3）。

在希腊、罗马早期城市人车混流、人畜混杂的商业中心街，以及中世纪城市沿街建筑设置供步行的回廊，有意识地进行城市空间布局设计以及文艺复兴时期城市开放空间的确立，直至19世纪新古典主义步行拱廊加上玻璃

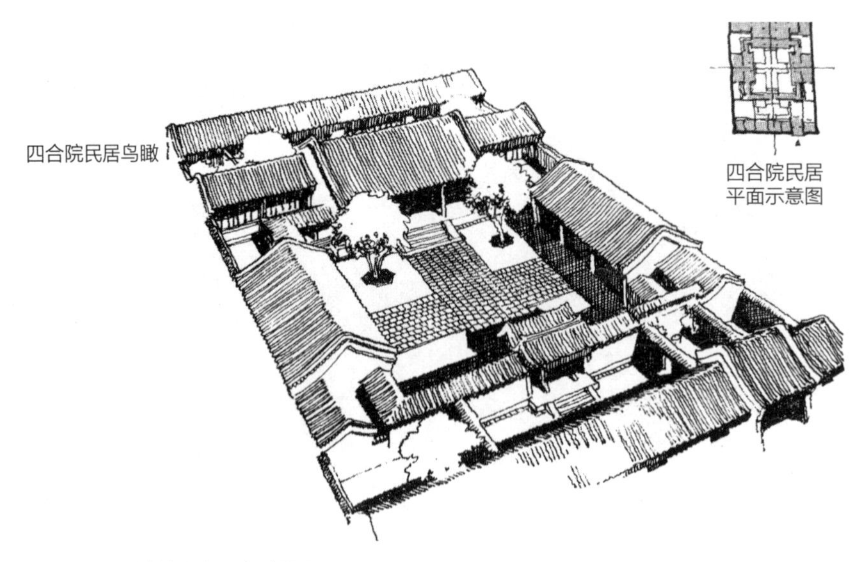

图1–1–1　传统的北京四合院民居

中国传统的北京四合院住宅庭园、故宫院落组合的庞大建筑群和20世纪初期的天井式上海里弄住宅，以及西方古罗马古典建筑、阿拉伯建筑等，造就了世界上丰富的建筑庭园空间组合方式。

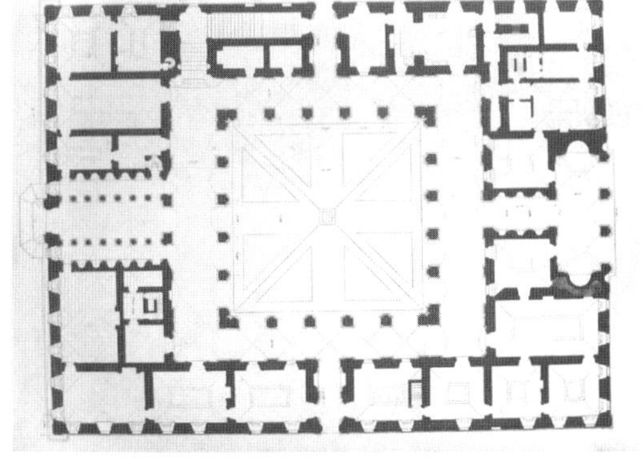

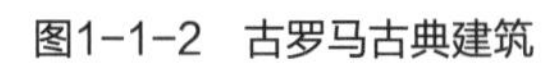
图1-1-2　古罗马古典建筑

图1-1-3　阿拉伯建筑

顶的第一个实例[1]出现（图1-1-4）。此后，在不少公共建筑如百货公司、旅馆、办公楼的大厅、庭院以至街道都加上了形式多样的玻璃与钢架的顶盖，丰富了社会公共活动空间。拱廊、中庭、大厅的封闭空间出现的温室效应，以及在各种技术设施与措施的创新（如供热、采暖、空调等），使大空间的室内达到了全天候的安全、舒适的程度，设计手法更是得到了极大发展。

20世纪初，从第一代中庭到第二代现代中庭连接的建筑师，可首推弗兰克·劳埃德·赖特（Frank Lloyd Wright）所设计的古根海姆博物馆（1959年，美国纽约）（图1-1-5）。随着内部螺旋形坡道的观画廊盘旋而上的多层中庭，视觉的空间流动性得到了充分展现，回廊围绕中部大厅加玻璃顶的处理，改善了内部的采光，加之阳光的射入与变化，更激发了后续创作的灵感，赋予这一手法更大的广阔前景。继后约翰·波特曼（John C. Portman Jr.）所提出的现代公共建筑的三元素，中庭、观光电梯、旋转餐厅的普遍采纳，在开拓、推动与创新中庭在公共建筑的创作起到巨大的作用。约翰·波特曼设计的大型旅馆海特摄政宾馆（美国芝加哥）中的中庭，继后亚特兰大旅馆、海特摄政旅馆（美国佐治亚洲）相继建成（图1-1-6）。

① 1806年，在什诺普群（Shropshire）的艾庭汉公园里采用了画廊加顶。

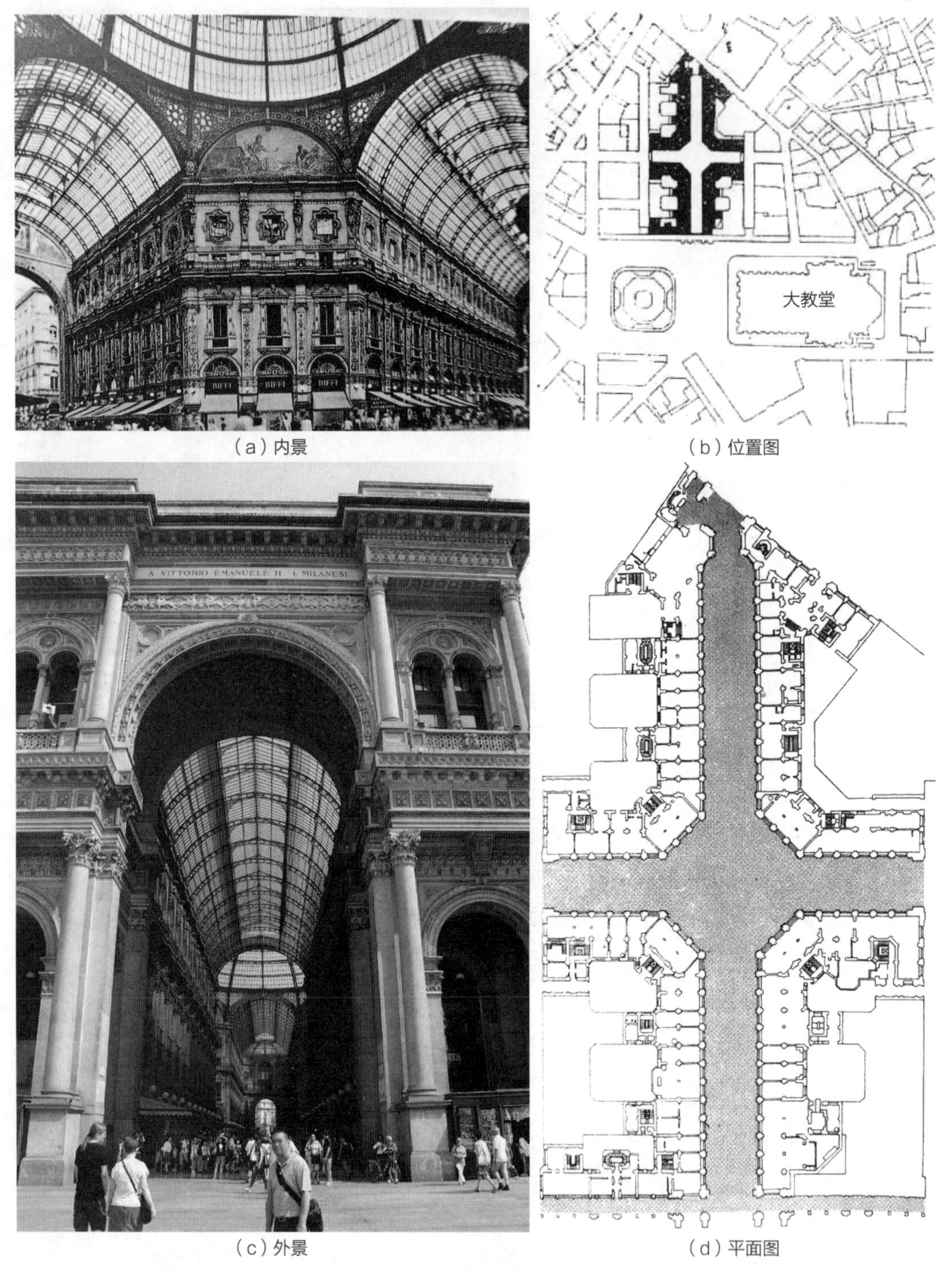

（a）内景　（b）位置图　（c）外景　（d）平面图

图1-1-4　埃米那诺拱廊商业街（意大利 米兰）

建于19世纪中叶的那诺拱廊商业街，其平面为“十”字形，南北向轴长210余米，拱廊采用的主要材料为铁和玻璃，拱廊高度约32米，南、北两端为城市广场，这种具有纪念性的半开放式商业街影响了后来城市商业中庭的发展。

（a）剖面图
（b）外景
（c）内景
（d）天棚仰视

图1-1-5　古根海姆博物馆（美国 纽约）

此外，随着城市人口集中，交通混杂，公共活动空间的丧失，第二次世界大战后欧洲一些城市改造和新城市开发过程中为改善城市交通、环境设立的“无车辆交通区”、林荫步行街区，把步行街与城市空间相结合成为一种重要手段。步行是人在日常生活中最普遍的活动行为，也是最自然、最个性、最自由，往往也是最舒适的活动。步行街是城市开放空间的一种形式，是城市公共属性的重要象征，体现特色的城市文化、休闲、交往空间。

（a）内景1

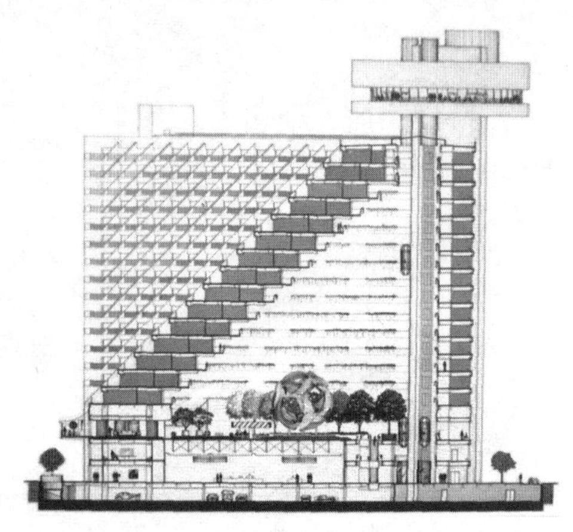
（b）剖面图

图1-1-6　海特摄政旅馆（美国 芝加哥）

我国城市步行街虽然开发较晚，但在四十多年的改革开放中，城市步行街的规划、建设得到了飞速的发展，步行街规划建设不仅在复兴城市中心区起到了积极的作用，而且也是提升城市公共品质的重要手段。

随着商品经济的发展，商业步行街开始兴起，给城市复兴带来很大助力。由于人们生活方式与购物行为的更新，一种根据现代科技、设计、经营等新观念条件下所创造的大型综合体的全天候室内步行街的新型商业建筑类型——购物中心兴起。中庭成为一股新的、绽放的潮流。

20世纪初西方现代建筑的材料、技术、式样逐步传入我国，中庭的起源与传统建筑的围合布局形成的庭院、天井有着一定的渊源关系，庭院加玻璃顶盖取代了轻质布幔、竹帘等轻质天棚，成为初期商业、旅馆等公共建筑的中庭雏形，如北京的东安市场（图1-1-7）、北京前门谦祥益绸缎庄（图1-1-8）、上海和平饭店（原沙逊大厦）的休息厅等。

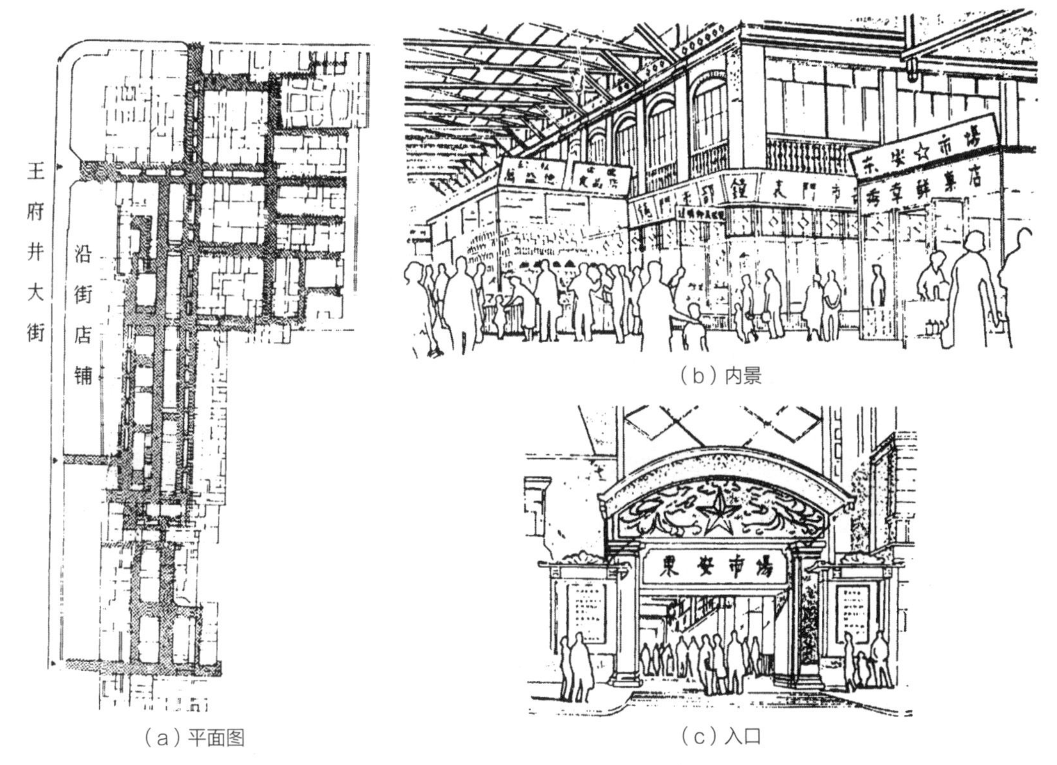

（a）平面图

（b）内景

（c）入口

图1-1-7　东安市场（中国 北京）

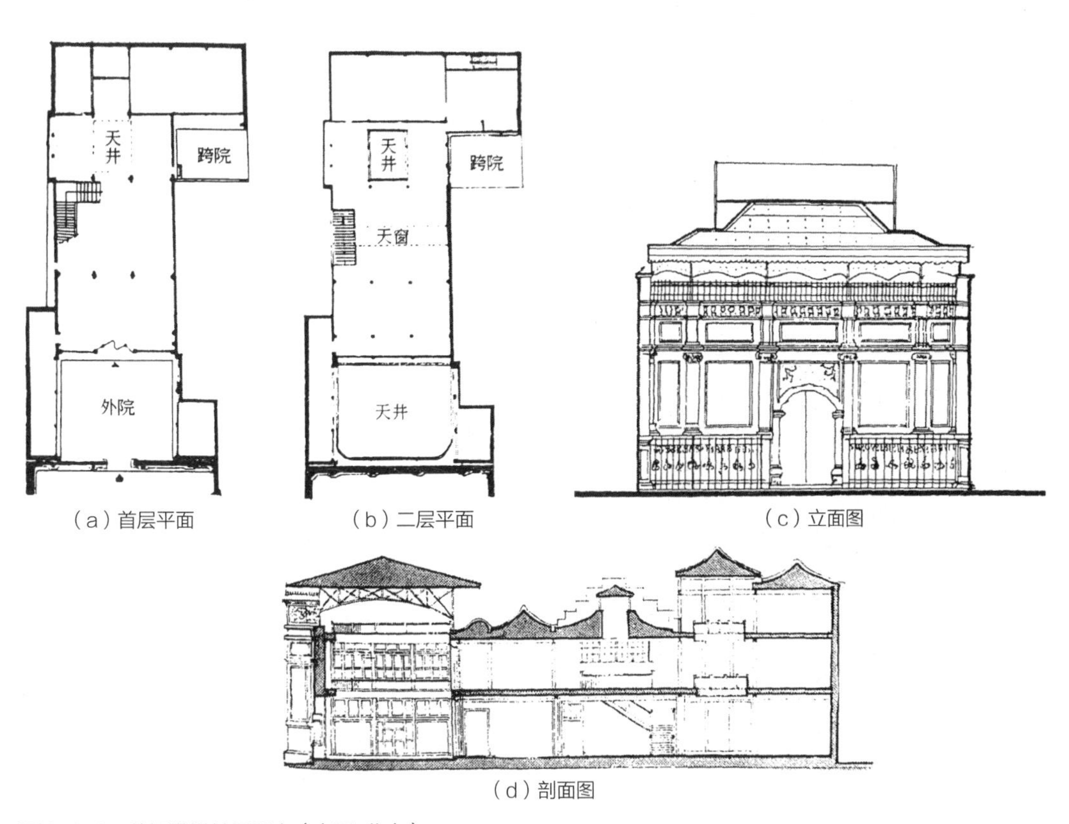

（a）首层平面

（b）二层平面

（c）立面图

（d）剖面图

图1-1-8　前门谦祥益绸缎庄（中国 北京）

中华人民共和国成立后，在广州、上海等地兴建的大型旅馆及商场，现代意义上的中庭（或共享空间），从建筑规模、平面布局、空间构成、设计理念等方面都达到了一个新的高度（如广州白天鹅宾馆、上海宾馆等）。

20世纪80年代改革开放以来，经济的发展、社会物质与文化生活的飞速提高，大型公共建筑设计的中庭空间更有了质的飞跃。

1.2 中庭的功能与特征

中庭，作为功能性的容器，构成了现代人生活的物质空间，也影响着人们的行为活动与生活方式。从社会性而言，人们在社会生产、生活的广泛活动中，对个人而言，既有着奉献的一面，也有着受益的一面，双向型社会交流环境产生了相应的社会生活方式。中庭空间既向人们提供了避免噪声、污染、阳光直射、风雨侵袭、雾霾、机动交通干扰等影响，并运用现代科技手法创造的全天候机动的良好人工生态环境，又体现了个体、群体相互依存、和谐、共处、繁荣、理性、民主开放的社会环境。中庭成为人工化、自然与社会不可或缺的社会公共活动场所。

传统公建功能空间具有明晰性、序列性的特点，一般通过门廊、门厅、前厅、大厅、休息厅等公共空间到达要求的功能性用房（如办公、客房、餐厅、观演厅、展厅等）。中庭设计的手法打破了公共空间的划分，形成包容性与模糊性的空间特征，此外，空间构成的多样性与创造性成了当代建筑空间创造的多元性、时代性的一大特点。

现代社会经济的发展，促使人们工作、生活的需求多样化，中庭在不同类型的公共建筑中作为一种设计要素为建筑创作开辟了一个新的手段，无论在布局上、空间形态上、空间处理上都得到了极致的发挥。中庭（又称共享空间）为人们提供了更融于自然、更便于社交，一种人与人交流、人看人的内部公共活动空间。中庭为改善城市交通、商业环境起到了经济复苏与催化剂作用，拓展了城市设计的理念与方法。中庭容纳了多样的城市活动，起到了渗透城市街道的作用，把原本属于城市职能的功能与空间形态引入建筑内部。它为城市公共活动、表达城市文化内涵提供了新的途径。

1. 功能的多样性

在不同类型的公共建筑中，如行政办公、旅馆、购物中心、交通、文化博览等，中庭除了门厅—大厅—中庭的交通序列功能外，还作为公共的、开放的活动空间，为人们提供了在水平与垂直的流动中进行交流、休憩、展示的空间，避免了沉闷的空间隔绝。商业、旅游、交通建筑的中庭更是集购、逛、娱、游、饮多种活动的需要于一体。中庭空间具有多功能性与公共性，沟通着人与人以及人与社会的关系，同时，考虑个人、几个人、小团体在活动中得到相对私密性的要求，似乎社会信息又能在视野之中，这种私密性与公共性交织的心理需求，促使中庭空间发挥着社会的功能。

2. 环境的安全性

中庭的公共性与封闭性避免了现代城市街区室外环境的交通拥堵、空气污染、噪声影响，以及风、霜、雨、雪的干扰，提高了在室内环境活动的安全卫生与闲适度，使生理、心理在全天候的环境中得到良好的释放。

此外，还要考虑方向选择、审美、安全等诸多因素以适应不同年龄、性别、生理、习俗的人们在高、大、空的中庭环境中不同的心理需要。

3. 内部空间的均好性

在中庭周围布置的商店（购物中心）、客房（大型旅馆）、工作室（办公建筑）等，各类方向使用的空间可获得均好性，避免了因位置、地段的不同而受使用效能的影响，如购物中心中各个商铺的商业价值。

4. 视觉的丰富性

中庭在结合公建的不同类型，从平面、布局、空间层次、垂直、水平交通流线布置等方面，创造了多样空间形态，鲜明的特色，突出了个性，加深了人们的第一印象与视觉的丰富性。如平面形状和空间层次的叠加、垂直交通的选择、布置方式、界面、天棚的处理，加之运用一些自然元素如阳光、绿化、水面以及建筑符号，通过细节的组合与安排，显现了独创性的理念，获得新颖的综合性视觉效果。

5. 城市空间的标志性

由于内部空间的布局，无论是高层、多层的中庭都将影响着建筑的外部造型，如超高层的金茂大厦内部30余层的旅馆中庭布局，强化了外部挺拔的塔楼形象。

6. 风格的多元性

在当代建筑设计手法呈现多样、创新的情况下，带来了风格的多元性，除表现在中庭的形态、空间外，尤其是装饰设计运用的中西古典元素，时尚、新潮的符号以及求异、求变的审美追求，造就了中庭的不同个性与风貌，多元、共存发展成了当代风格的特征。

7. 空间的相容性

在大、中型公建布局中，一般各功能性空间划分较为明确、清晰且具有强烈的秩序感。而现代中庭空间的设计手法虽都能保持序列的连续性，但在空间处理上常带有一定的模糊性、流动性以及界面的不确定性等特点，打破了以往空间的封闭性。

各种类型公建中庭空间的渗透性、灵活性与相容性为中庭空间的特色创造提供了有利的支撑。使现代旅馆的门厅、大厅的接待、购物、会客、交通枢纽步道（如开敞的楼梯间、电梯间）等不同功能区域得以空间上的联系、延伸、渗透。

图书馆在现代设计手法从借、藏、阅的分隔到所谓三统一（“荷载统一、层高统一、柱网统一”），结合中庭的处理发展为空间上层次丰富、错落灵活、穿插多向的内部空间。

1.3 中庭的要素

通廊（或柱廊）、天桥、垂直交通措施、天棚四大要素在安排空间中成为中庭的基本要素。

在空间安排中，一切以“人”的行为便捷、安全为出发点。为“人”的活动创造愉悦、优美的环境为归宿，进行创造性的设计。

随着经济的发展、物质文化生活的丰富多彩，中庭空间的创造成为公共建筑创作的立足点。首先，了解与熟悉四个要素的基本情况、布局中相互关系和影响；其次、掌握与运用新科技、新结构、新材料的最新成果，才能使设计跨上新的台阶；再次，由于专业的分工，在各阶段，建筑设计从立意、方案比较开始，就应该放眼全局，注意设计的阶段性并为相继、后续专业进行配合并创造工作条件。

1.4 中庭的类型

在大、中型各类公共建筑的设计中，结合基地条件、规模、建筑材料、结构、经济造价等因素，较普遍地采用中庭的手法进行空间组合。由于公建的类型较多，虽然中庭发挥其共性的作用，但由于功能上的差异、空间流线的组织与联系的不同，在中庭处理上应注意其各自的特点，避免布局上的欠妥以及流线上的不当。

1．行政办公（图1-4-1～图1-4-3）

现代办公建筑除传统式的走道两侧或单侧布置间隔式的办公室外，还采用扩大走道形成中庭的手法，其次，信息化时代景观式大空间的办公场所也得到广泛采用。

中庭的设置扩大了建筑进深，改善了南北办公室的采光，加强了空间的自然通风。中庭空间中的绿化、小品环境的布置，为当今长时间面对电脑的办公人员缓解身心疲劳，以及办公间隙休闲、交流、接触大自然起到良好的作用。

利用中庭式的开放办公空间与部分周边的私密小空间办公，既适合个人独立工作的空间，又满足团队合作交流的需要。

行政、企业、公司办公室为主的大型综合楼的中庭，以结合门厅、大厅

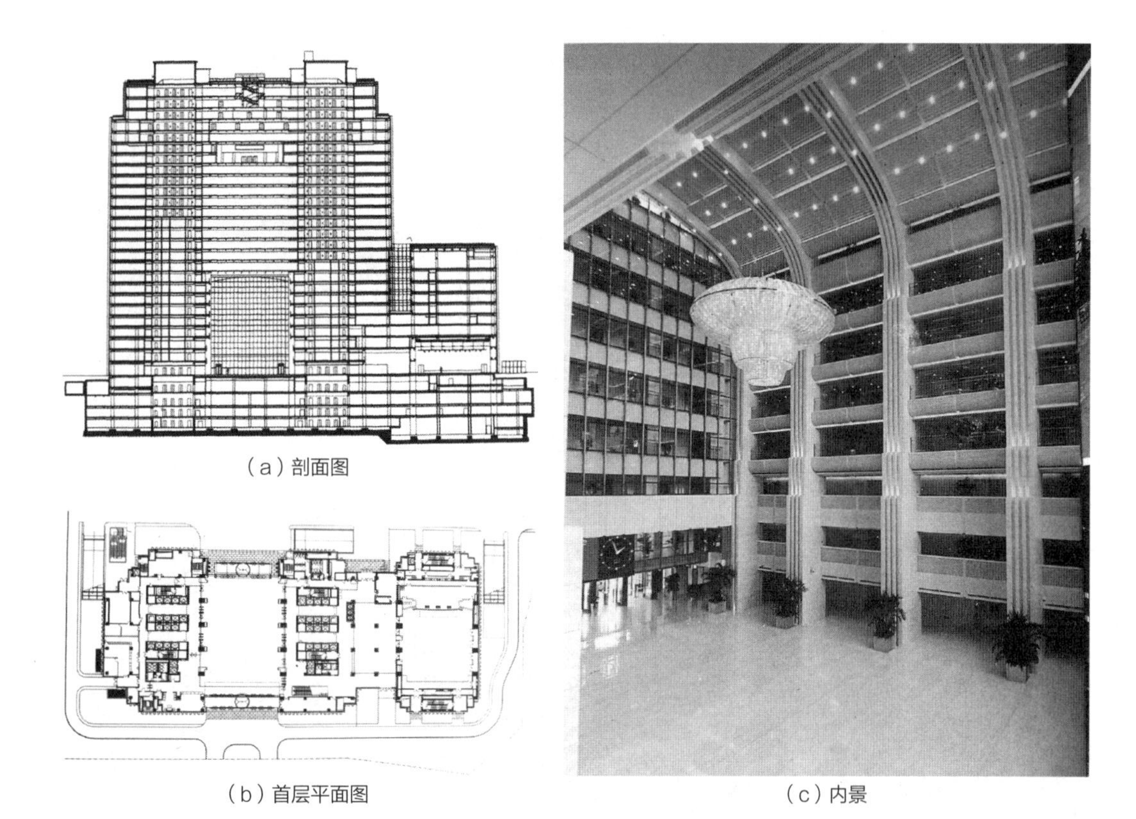

（a）剖面图

（b）首层平面图

（c）内景

图1-4-1　中国石化集团公司（中国 北京）

南北贯通的宽阔高耸的中庭两侧布置塔式办公楼。平面规整，叠加的多层挑廊与凹廊增添了廊面的层次感。巨大的中庭空间炫耀着企业的雄厚实力。中庭不仅有组织人流、交通的作用，还可具有文化活动、展示交流等多种功能。

（a）内景1　　　　（b）内景2

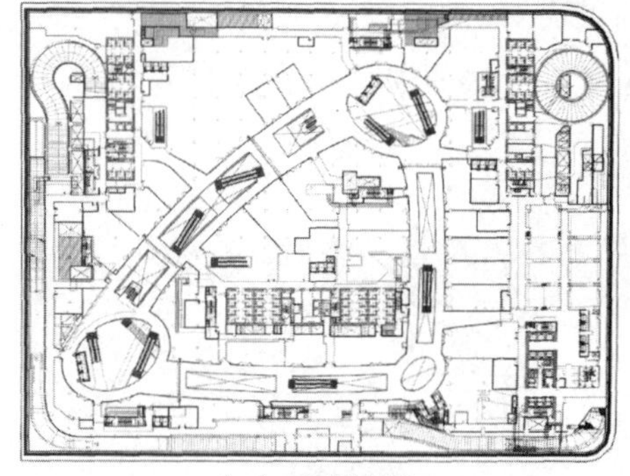

（c）一层平面图

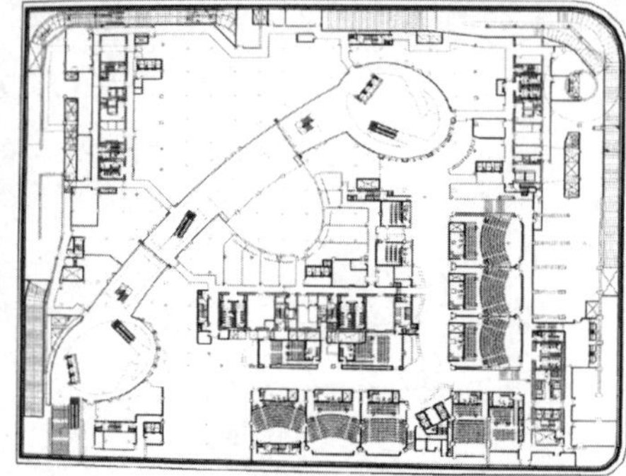

（d）三层平面图

（e）外景

图1-4-2　首尔国际金融中心（韩国 首尔）

基地为一片规整的矩形。多个不同形态的中庭、连贯的垂直交通、天桥串联起三角形的环路。三座拔地而起的高层办公楼与一座高档酒店组成陡峭、切割的不同体块，加上玻璃幕墙的相互映照，成为城市中又一处现代化的地标。

（a）内景1

（b）内景2

（c）外景

（d）平面图

图1-4-3　布依格控股公司大楼（法国 巴黎）

布依格控股公司大楼位于巴黎近市中心的街区，中庭呈多边形风帆状，以示引领未来建筑的内涵。穿插于中庭上空的天桥，丰富了室内的层次与空间的动感。在可持续与节能方面作了新的探索，提供了绿色设计的实践经验。

的中庭布局、高耸宽广的多层的中庭显示其企业的地位与实力，也有分段、分区设置办公区的中庭作为企业集中办公、展示、员工交流、文化休闲与调节室内工作环境、氛围的场所。

2．文化博览（图1-4-4～图1-4-7）

文化博览建筑包括博物馆、美术馆、文化演出、音乐厅、剧院、影院等，其中庭作为各个展示功能性空间的交通枢纽外，并以强烈的空间场所感与外部造型相融，突出了不同的建筑个性。如博物馆围绕中庭放射式布置展

（a）内景

（b）外景

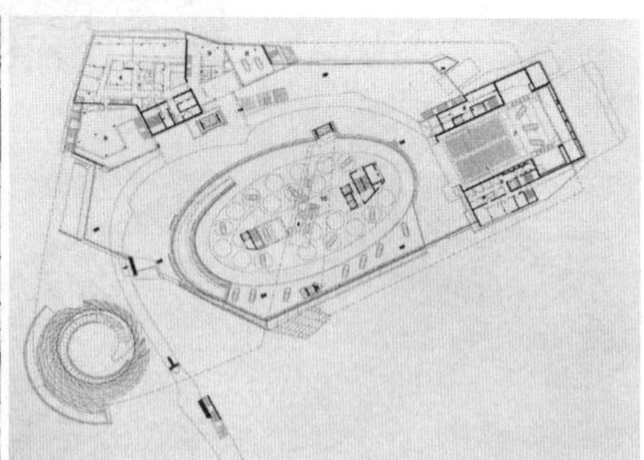

（c）平面图

图1-4-4　宝马世界（德国 慕尼黑）

一处城市的新地标建筑，不再是仅仅包容功能的封闭容器，而是城市多样信息的载体。宝马世界融合了新车展示、交付中心、技术与设计工作室、画廊、青少年课堂以及休闲酒吧等，为人们提供不同阶层人群体验的“文化中心”。
独栋的双圆锥形的设计造型，模糊而多层相连贯的内部空间与周围的宝马总部大楼、宝马博物馆以及奥林匹克公园等相映成趣，被誉为一座展示新技术、新构思的“雅典卫城”。总建筑面积达73000平方米。

（a）外景

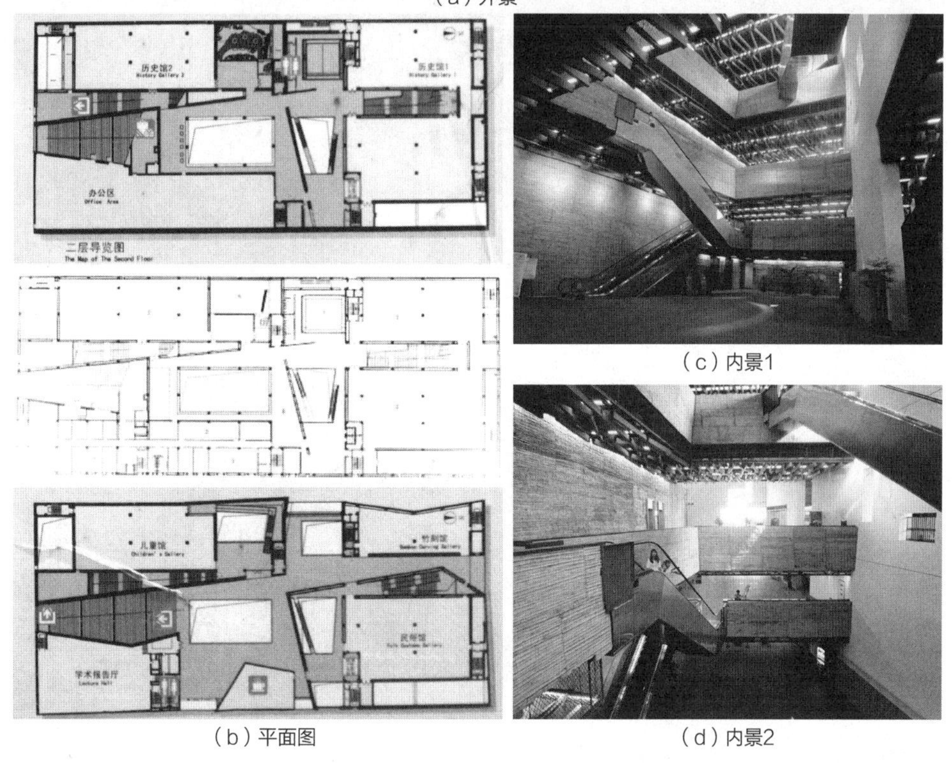

（c）内景1

（b）平面图

（d）内景2

图1-4-5　宁波博物馆（中国 宁波）

在一层平面中部，开阔式庭院穿越通道划分了两个不同功能区域，从博物馆一侧入口到大厅、接待厅、中庭，展现了空间划分的模糊性与连贯性。外观简明的体块组合、横竖交替的矩形窗洞，看似无序排列，利用从村镇拆卸的几百万块旧砖瓦贴面，以现代构成线的切割形式延续了地域的文化记忆。

厅，成为人流活动空间转换的场所，并在空间序列、转换、导向方面起着中心作用。在空间尺度上、形态上所表现的无论是庄重、宏伟还是亲切、近人，结合展馆的性质、规模以及在城市中的地位等，均以其文化价值成为城市的一张名片。

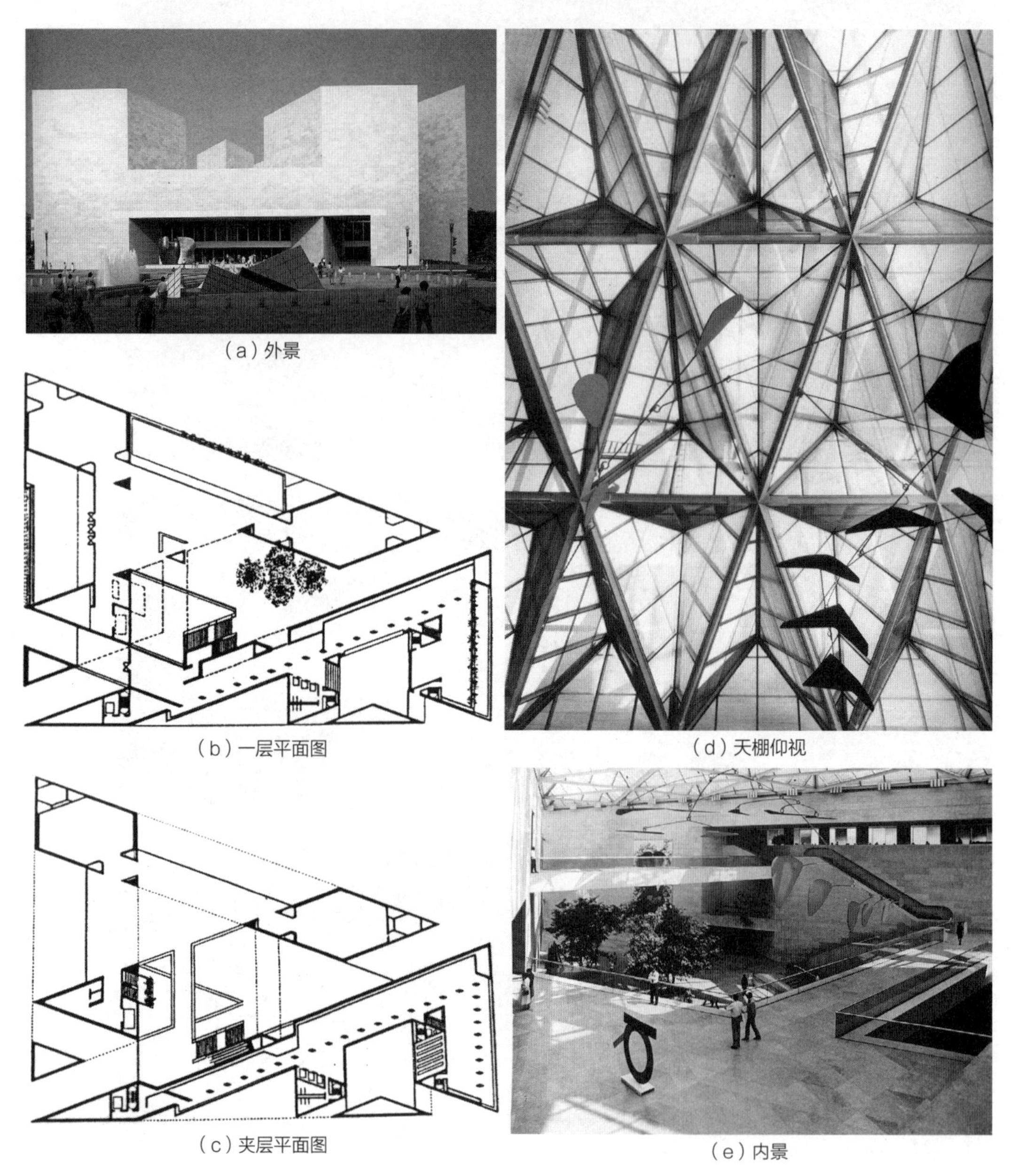

（a）外景

（b）一层平面图

（c）夹层平面图

（d）天棚仰视

（e）内景

图1-4-6 美国国家美术馆东馆（美国 华盛顿）

以梯形基地切割成两个不等的三角形，三角形母题划分着中庭，与顶部的网格天窗遥相呼应，展厅通过中庭天桥相联系，空间层次丰富、色调简洁，极富现代感。

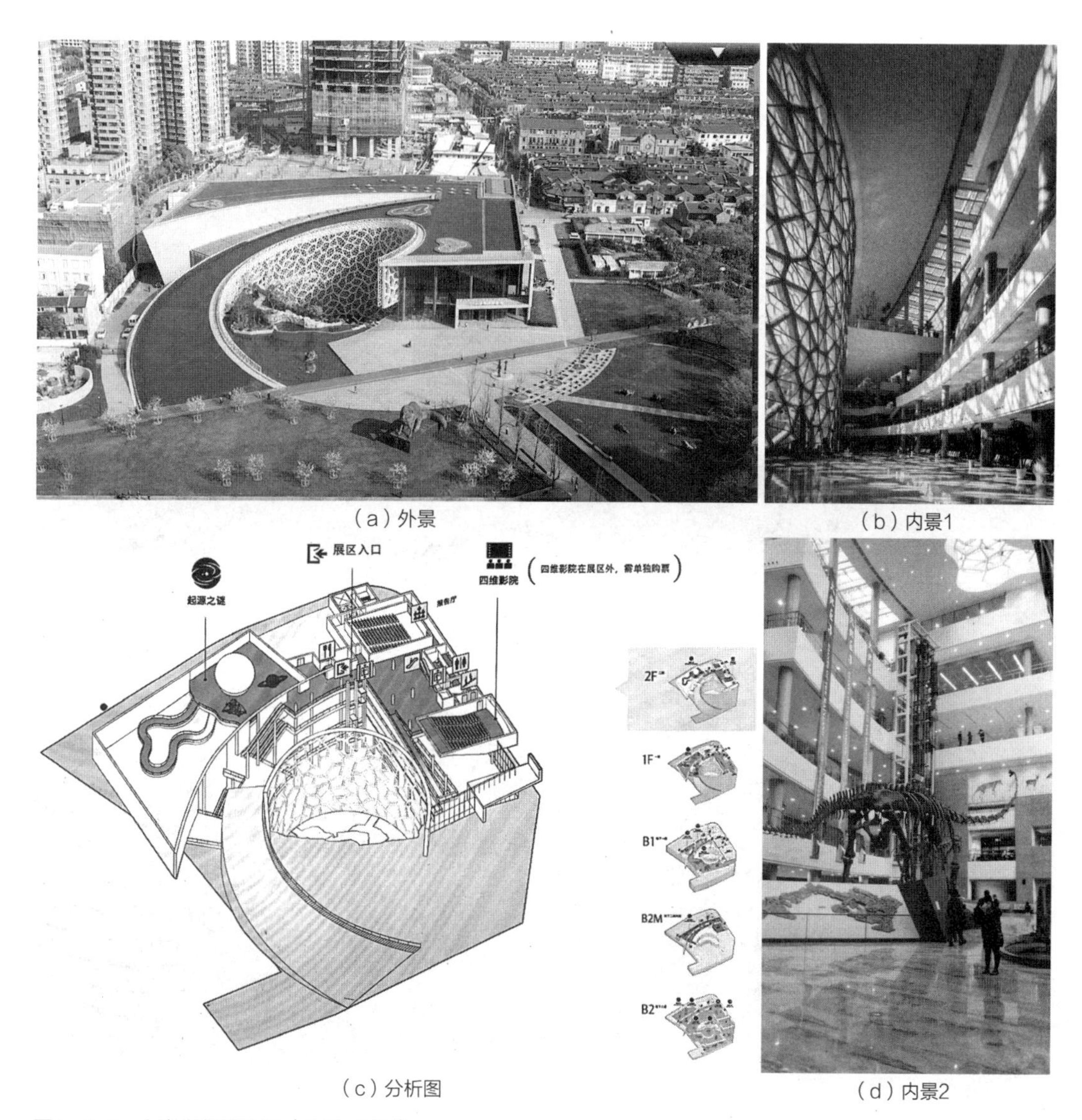

（a）外景　（b）内景1　（c）分析图　（d）内景2

图1-4-7　上海自然博物馆（中国 上海）

上海自然博物馆的构思灵感来源于螺的壳体仿生形态。螺旋般的绿草屋面围合椭圆形外部水池顺势而上，自入口大厅至下沉边侧通高的中庭，再到内侧各层展厅，所有空间均有序布置、流线清晰。内部空间廊道悬挑、穿插，平台层次丰富。在中庭另外一侧，细胞式图案窗楹的玻璃幕墙结合一体化遮阳以及中部348平方米的光伏玻璃天窗，使得中庭及廊道采光效果良好。再加上墙面垂直绿化、管道式导光系统等节能措施的应用，构筑了一个“师法自然、回馈自然、尊重自然”的绿色技术体系，以期达到生命与自然的共生。

3．商业建筑（图1-4-8～图1-4-11）

随着商品的丰富、消费市场的扩展，现代商业建筑的中庭运用现代科技成果及手段，并以其多姿多彩的风格呈现在各国的城市中，体现了经济的繁荣与发展。信息时代，网购、快速物流、境外购物等消费方式的变化与发展也无一不冲击着当今的商业消费模式。

在城市中心区域的大型综合性商业购物中心与城市文化企业如影剧院、

艺术品、展览、亲子互动区、动漫真人秀、新产品推广等相结合，扩展了“购、逛、娱、饮”的功能，使购物中心成为“大商场与大文化”共生同长的城市文化图，如上海商厦、徐家汇美罗城顶层的“上剧场”以及环球港达3万平方米的文化板块。

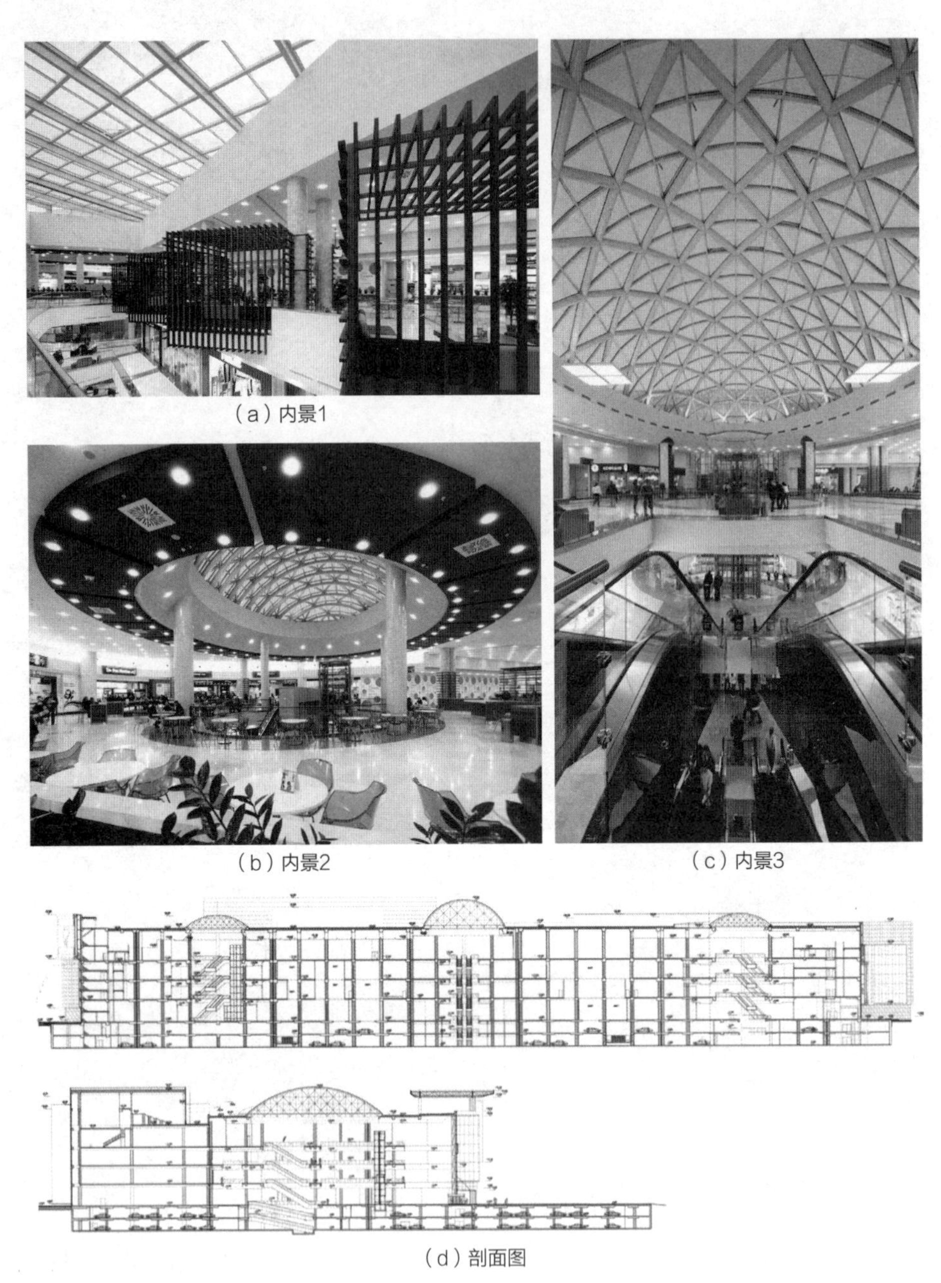

（a）内景1

（b）内景2

（c）内景3

（d）剖面图

图1-4-8　奥拉购物娱乐中心（俄国 新西伯利亚）

一个主庭、两个相似的副庭串联起四层楼面的各项业态布置。不同廊面的处理加强了区段的特征性与识别性。地下二层的车库提供了足量的车位。

（a）内景1

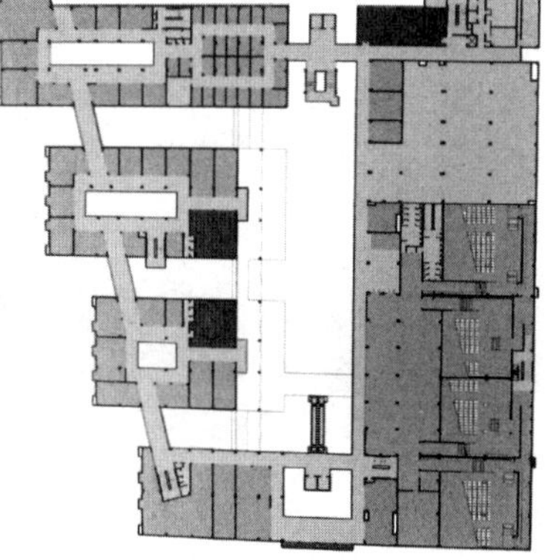

（b）一层平面图

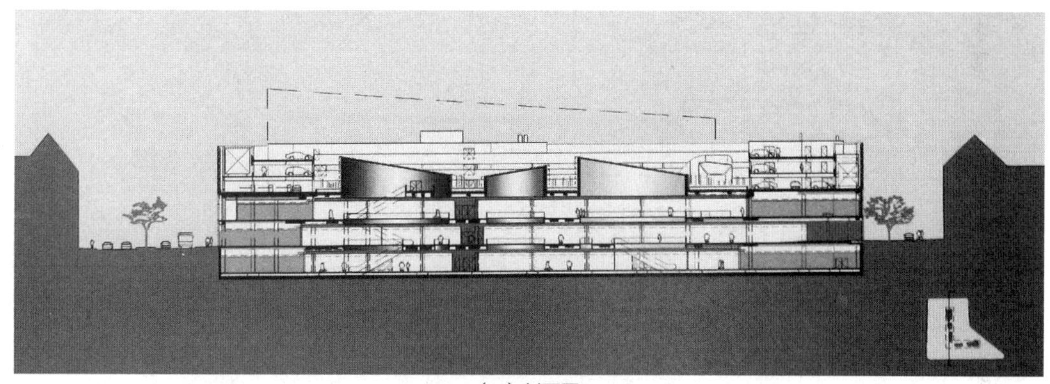

（c）剖面图

（d）内景2

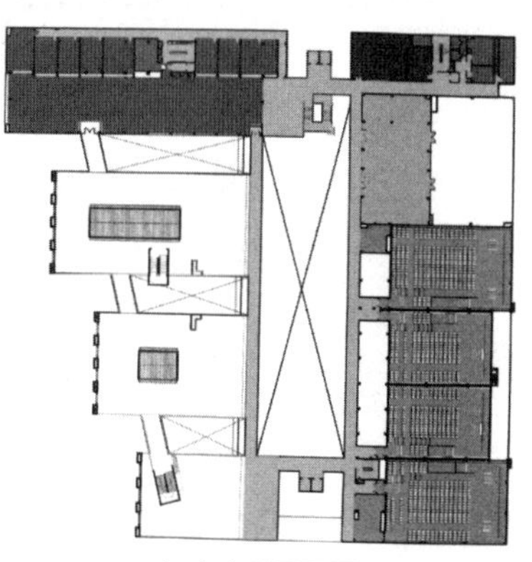

（e）夹层平面图

图1-4-9　西里古里城市中心广场（印度 西里古里）

该城市中心广场集合了零售店、食品摊、餐馆、儿童游戏场、大型超市、多维影院等各项现代商业文化设施，整体布局为中庭外串联着各个可穿越的廊道及业态单元，体现了印度的传统城市文化特色。

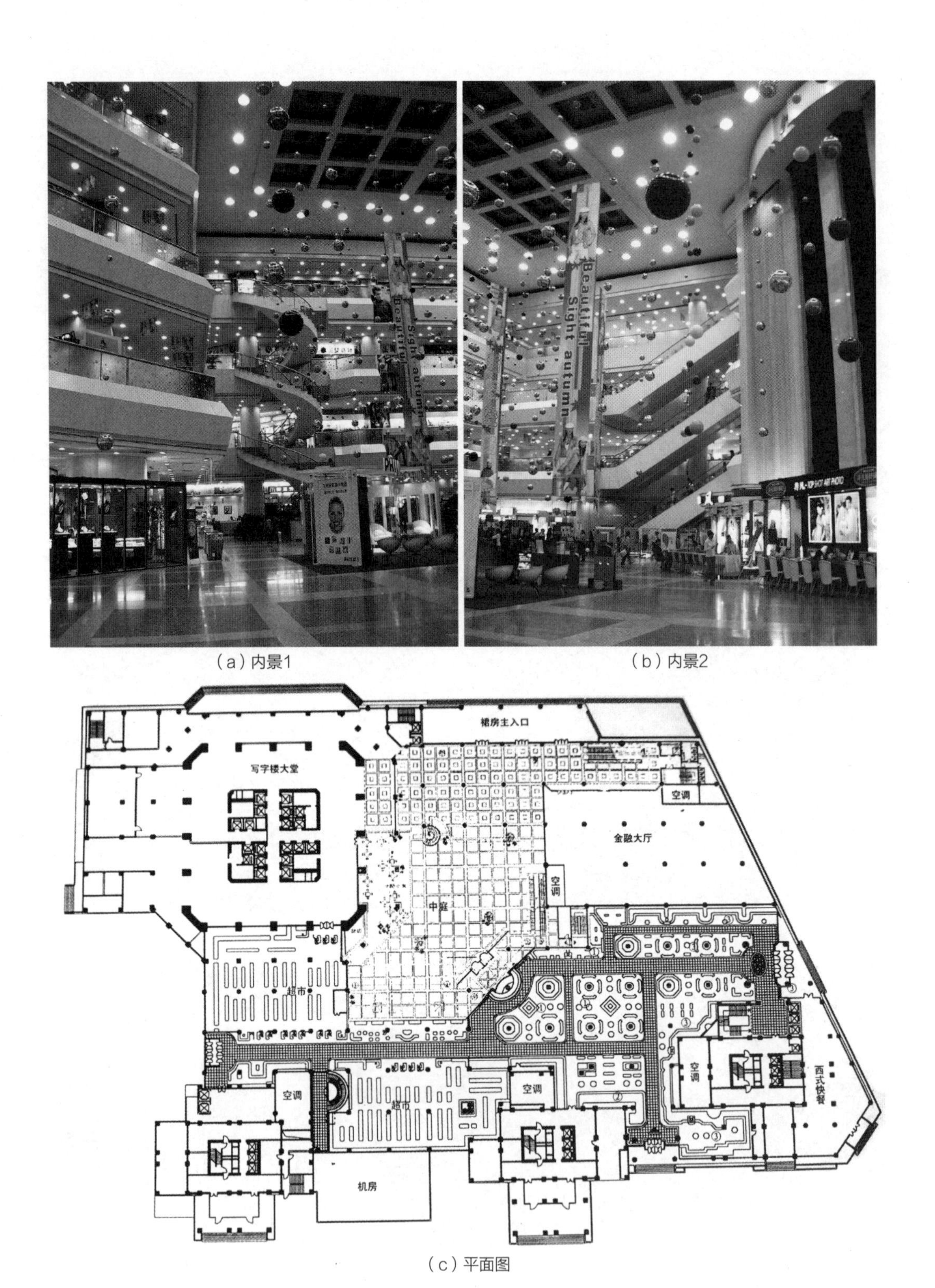

（a）内景1　（b）内景2

（c）平面图

图1-4-10　金博大购物中心（中国 郑州）

金博大购物中心是改革开放初期在郑州二七商业圈修建的大型综合楼，整体街区的裙楼之上，矗立着一座高层办公楼与三座高层住宅楼，裙房中部的中庭斜边的廊侧设置观光电梯、螺旋步梯以及自动扶梯，中庭最宽处达50余米。

(a) 中庭外景1

(b) 中庭外景2

(c) 中庭外景3

(d) 内景

图1-4-11　K11购物中心（中国 上海）

上海K11购物中心是一座以购物融合艺术、人文、自然多方理念的建筑，是一处高档型的地标场所，其与上海淮海路周边建筑一起成为世界顶级的商业街区之一。围合裙房的广场上有一个形态起伏的玻璃曲面，它既是购物中心的入口，又是下沉中庭的天棚。广场的背景为高达九层的人工瀑布，瀑布倾泻而下，搭配里面的绿色植物，体现了自然的主题。中庭里两棵树枝状的柱子支撑着天棚，自然采光直射地下3层。中庭尺度宜人、轻盈通透。

购物中心总建筑面积虽然仅9900平方米（地下3层、地上6层，店铺80家，停车位270个），但立意、布局、营销的新意，柔化了店铺、艺术品展示区与通道之间的空间。糅合多元的艺术欣赏，汇聚国际潮流品牌的奢侈品主力店，以及其他业态的高端定位，提升了K11购物中心的品位。

4. 教育科技建筑（图1-4-12、图1-4-13）

教育科技建筑类型包括从学龄前的幼儿园、中小学到大专院校以及图书馆、科研、实验楼等。

作为学习、交流、展示功能的中庭空间组合手法，广泛被采用，为适应不同年龄的教育活动，各类科研实验机构摆脱了传统的走廊式结合，又如图书馆的布局打破了借、藏、阅的严格的空间划分，各部分空间的穿插、错落、叠加，丰富了中庭的层次与模糊性。信息化、数字化、智能化的发展将进一步打破传统的空间布局，并为各类图书馆的设计开拓新的手法。

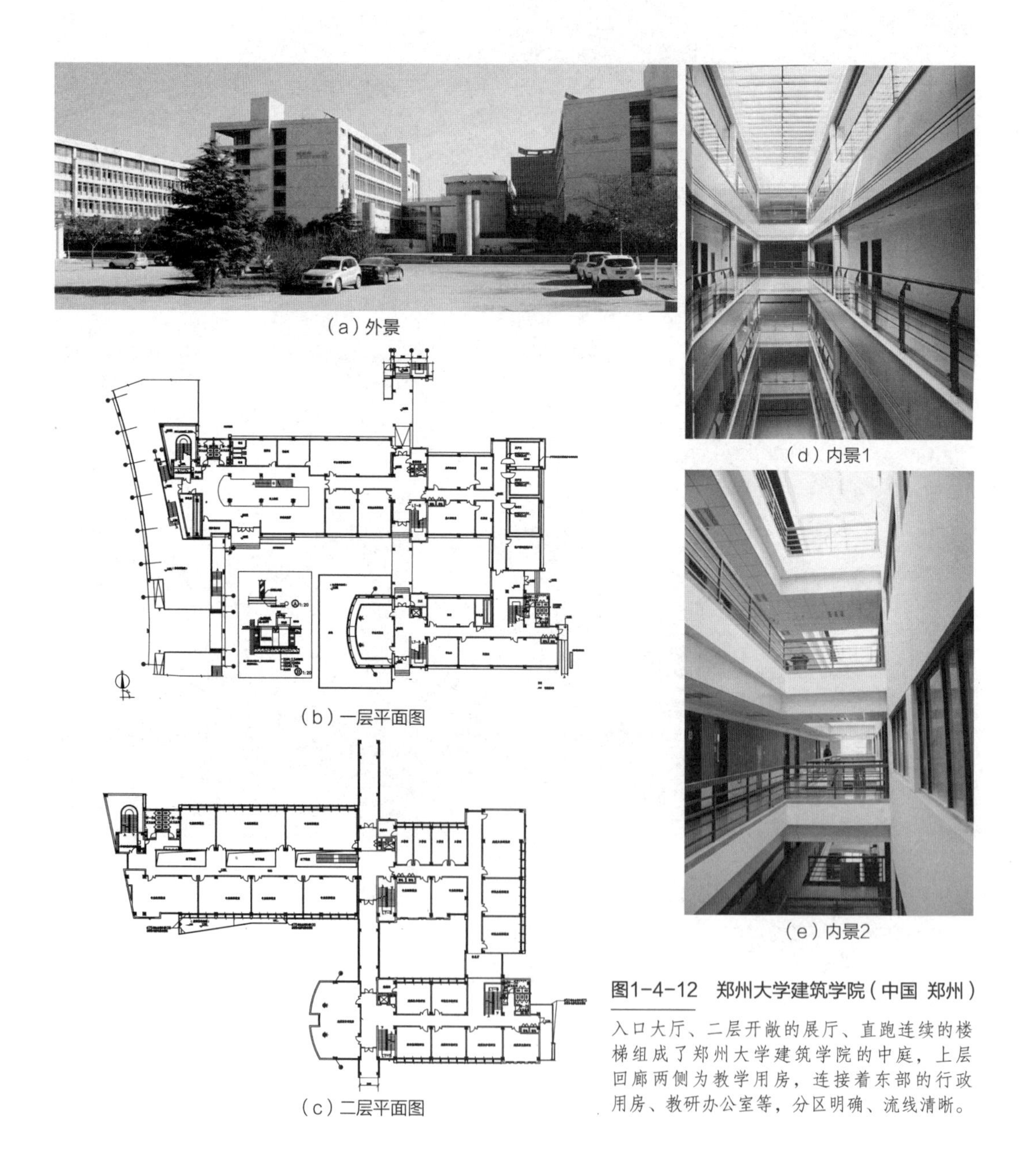

（a）外景

（b）一层平面图

（c）二层平面图

（d）内景1

（e）内景2

图1-4-12　郑州大学建筑学院（中国 郑州）

入口大厅、二层开敞的展厅、直跑连续的楼梯组成了郑州大学建筑学院的中庭，上层回廊两侧为教学用房，连接着东部的行政用房、教研办公室等，分区明确、流线清晰。

（a）轴测图

（b）总平面图

（c）内景

图1-4-13　香港演艺学院（中国 香港）

香港演艺学院坐落于香港港仔填海区内，主要由两座平面为相似三角形的大楼构成。音乐、舞蹈、喜剧及舞台装置等一系列完善的表演艺术培训设施，穿插布置于主要通道两侧，其间分设功能不同的主要入口。一侧的中庭与连廊连通了两座建筑的各个空间，使建筑用地更为紧凑，室外绿化与剧场的设置又避免了外界环境噪声的干扰。中庭层层的回廊与平台的悬挑楼梯使内部空间新颖而具动感。

5．旅游宾馆（图1-4-14～图1-4-16）

随着我国经济的不断上升、旅游事业的蓬勃兴起，城市景区的建设在各城市正方兴未艾。旅馆建筑的门厅、接待、休闲、购物等融合的中庭布置成为现代宾馆的一大特色与亮点，给造访者留下强烈的第一印象，人们把旅馆比作城市的报春花，也成为设计构思的亮点。从早期在门厅、大厅等功能部分明确划分、空间序列分隔，到现代空间处理手法的模糊性、层次性、丰富性显示了不同地域性的宾馆文化特色。

（a）外景

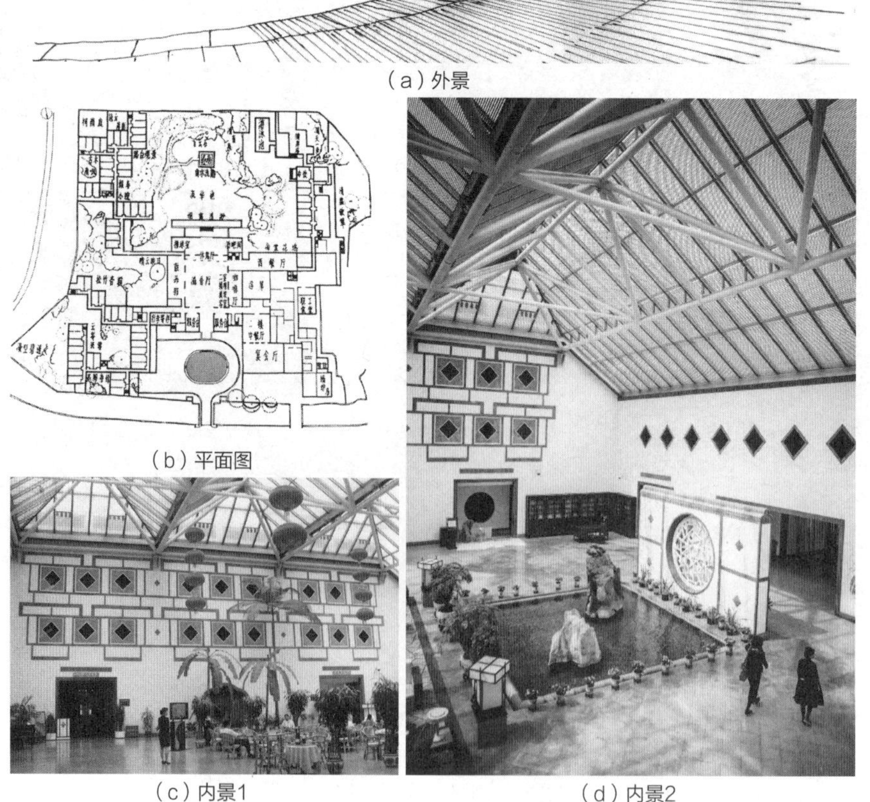

（b）平面图

（c）内景1

（d）内景2

图1-4-14　香山饭店（中国 北京）

舒展的庭园组合平面，以四季厅（中庭）为中心，通过连廊向四周不同功能部分延伸，以简洁的菱形窗符号，白、灰、赭石色彩以及水磨砖线条的组合，把江南的建筑意蕴统一于这座建筑的内外空间造型之中。

四季厅入口处的圆洞景墙、家具和灯饰细节的处理、尺度的对比，展示了宽敞、气度非凡的空间效果，给人们留下美好的第一印象。

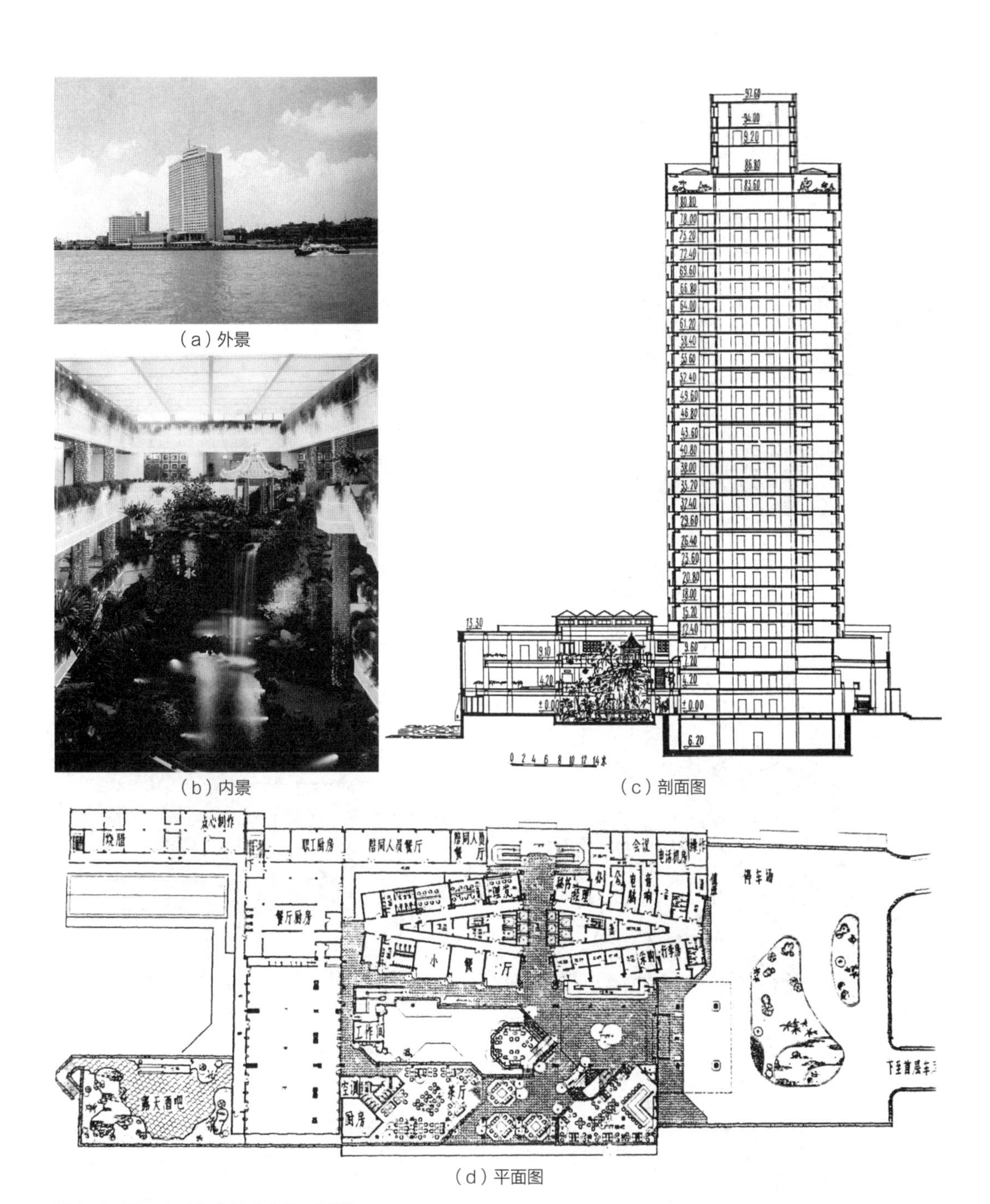

（a）外景

（b）内景

（c）剖面图

（d）平面图

图1-4-15　白天鹅宾馆（中国 广州）

白天鹅宾馆板式高层客房楼的三层裙房布置了长轴纵深的中庭，以尽端的假山、泻瀑、亭阁作为底景，山石上镌刻的“故乡水”点明了主题。通过回廊、观景平台、小桥流水，在早期开放的广州，为海外归来的侨胞、华人抒发思乡之情提供场所。

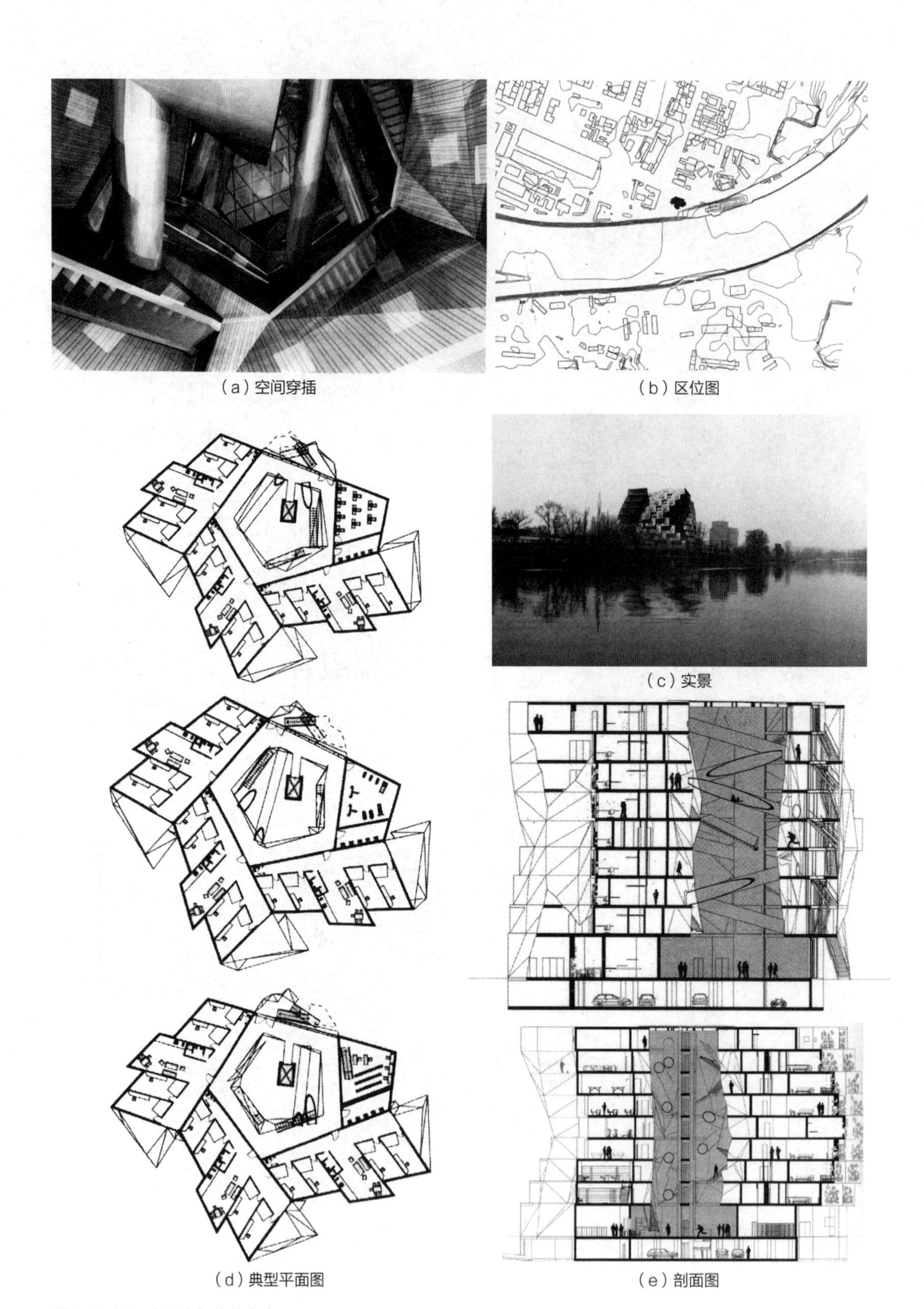

（a）空间穿插　（b）区位图　（c）实景　（d）典型平面图　（e）剖面图

图1-4-16　大河之舞集体宿舍

中庭呈五边形，三面布置着居室。穿插在空间中的廊道、楼梯、电梯、凹凸的周边外墙，以及各楼层的错叠，构成了独特的外观造型。

6. 交通运输类建筑（图1-4-17、图1-4-18）

我国已进入了高速交通的时代，开放性、多样性、创新性的大跨度钢架覆盖着各类交通的站房，如航空港、高铁站，航运码头等，它轻盈的构件组合，具有时代美感，充分表达了现代交通的气势与特色。

图1-4-17　香港国际机场（中国 香港）

图1-4-18　武汉站（中国 武汉）

2

中庭的设计

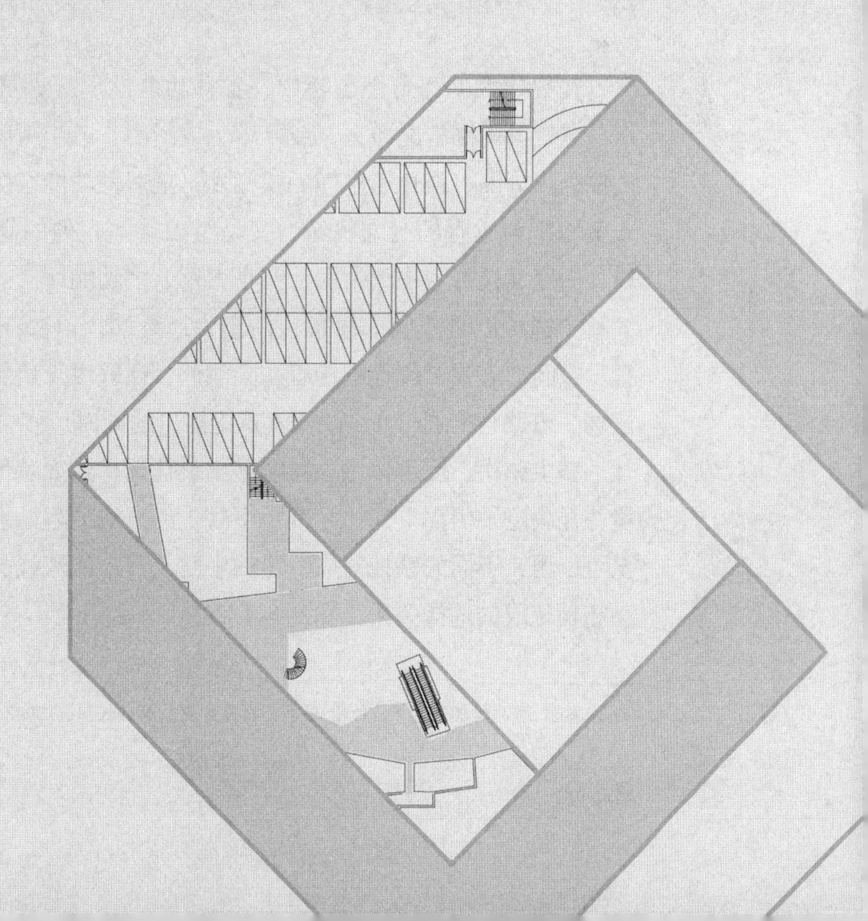

在现代公共建筑设计的基础理论中，诸如空间组合的方法涉及的有间隔式（走廊式）、穿插式、大厅式、庭院式、单元组合式以及综合式等[①]，发展到20世纪后半叶，中庭的手法已成为不同类型公共建筑（尤其在大规模的综合体建筑）创作中常见的一种平面或空间组合。

虽然从城市环境或外邻的基础条件看，周边的广场街道、公共交通、轨道交通、停车条件等区位因素决定了不同位置及主次入口的布置，以及如何安排大体的空间序列，方方面面考虑的因素有其共性的方面，但中庭手法的出现打破了传统空间的组合方式，模糊了如门廊、门厅、大厅空间的划分，或流线组合。此外，不同的建筑类型如行政办公、文化博览、教育科技、旅游宾馆、医疗保健等，其中庭的平面位置、形状、空间形态、剖面选择以及建筑风格等都有着不同的特点与要求，在大型公建遍地开花的今天，中庭的创造成为建筑特色的重要标志之一。

本章节将按中庭设计的基本要点：位置、平面、形状以及空间布局、形态等作出分析和评述。

2.1 中庭的位置

在现代大型综合性公建中，各种功能性用房如展厅、商铺、办公、客房、餐饮等围绕中庭布置，或开敞、或封闭、或半封闭等，打破了传统空间的序列、分隔，强化了空间的模糊性，把多种功能结合在中庭之中，它既是人流水平与垂直的交通枢纽，又是组织空间序列的高潮、重点和中心。所以，中庭又被称为中央大厅、共享大厅、多功能厅。

中庭可以是空间的序幕、高潮，或终端，取决于它的位置，而平面位置、空间形态除了创作的构思、立意外，还取决于建筑所处的基地环境（如广场、道路、交通等），在总体布置探讨的同时应多方面综合考虑中庭的设计，孰主孰次、反复推敲，才能做出最佳选择。如基地的形态与外部交通环境往往决定了内部空间（尤其是中庭）的流线或起始、或迂回、或交叉，甚至可以说，不同的基地对应一定的中庭及其功能流线关系，两者是相互制约又相辅相成的选择关系（图2–1–1）。

---

① 张文忠. 公共建筑设计原理[M]. 北京：中国建筑工业出版社，2004.

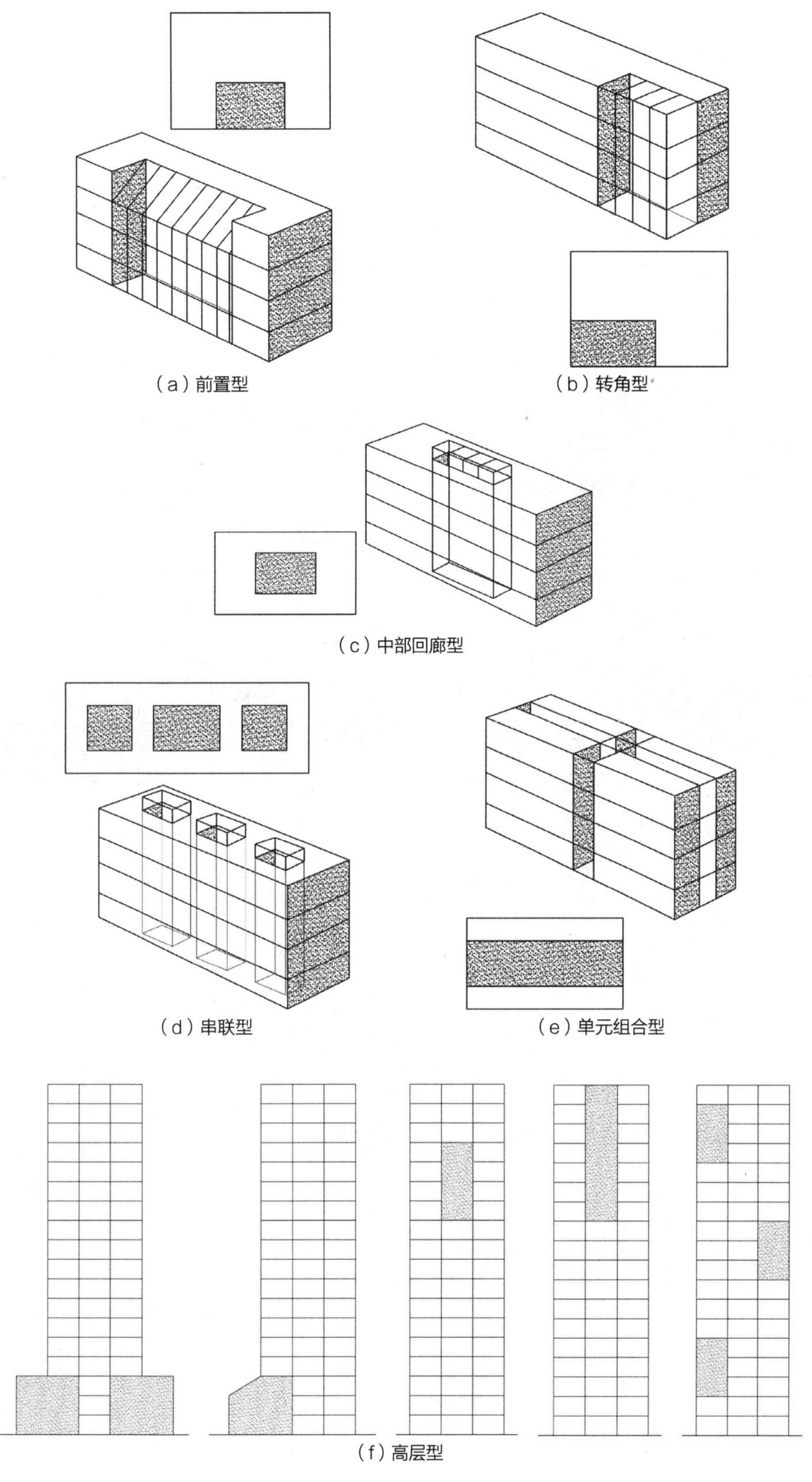

图2-1-1　中庭的位置

1. 前置型（图2-1-2～图2-1-8）

面向主干道的前置型中庭正面较宽阔，也是街道广场与建筑、内与外空间的过渡，它可以与前厅或序列相结合，也可以采取半开敞的布置形式，具有连接内外空间的中介特征，故又被称为中介空间、廊檐空间或灰空间等，也是增加空间层次的复合空间。前置型中庭入口人流进出方便、通畅，人的视线可直视内庭景象。当基地临近城市重要节点、广场时，可强化城市公共空间形象，如上海八佰伴、香港翠屏村购物中心、深圳艺术中心、上海某大厦等。

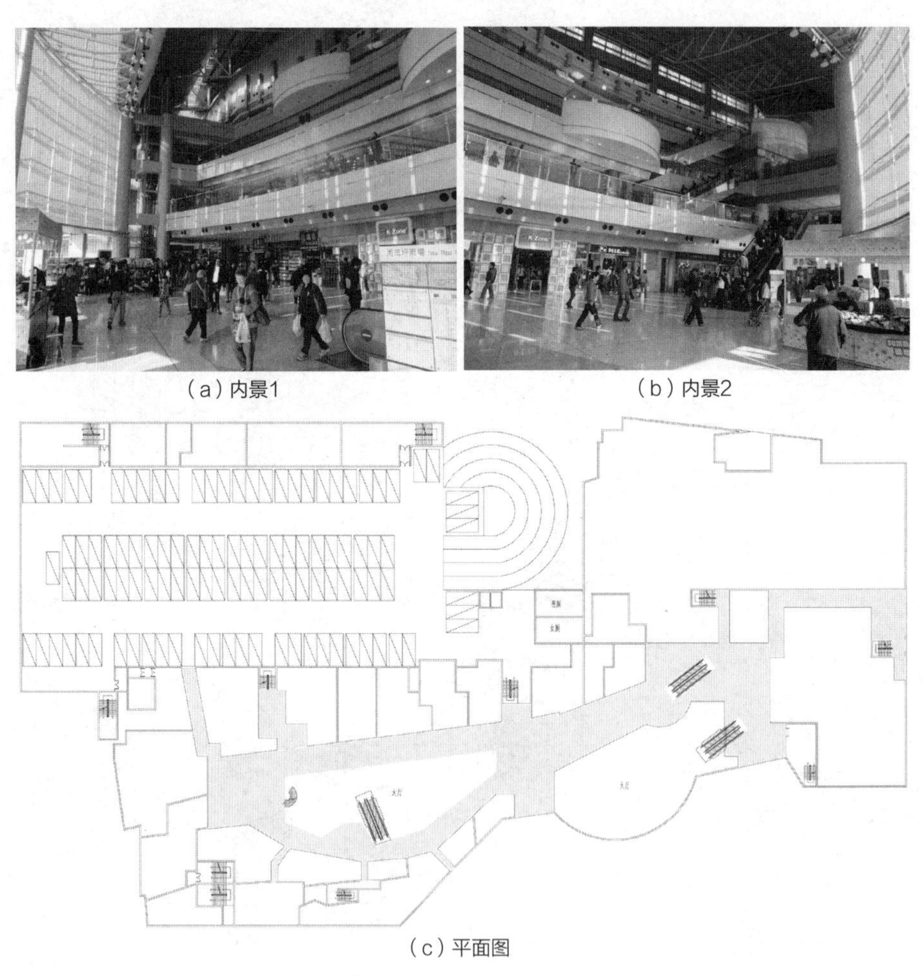

（a）内景1　　（b）内景2

（c）平面图

图2-1-2　秀茂坪购物中心（中国 香港）

现代建筑打破了传统空间布局序列的概念（如门厅、大厅或前厅等的划分形式），高敞、宽阔的前置中庭成为大型公共建筑入口的序幕，加深了人们的视觉印象。

（a）内景1　　（b）内景2

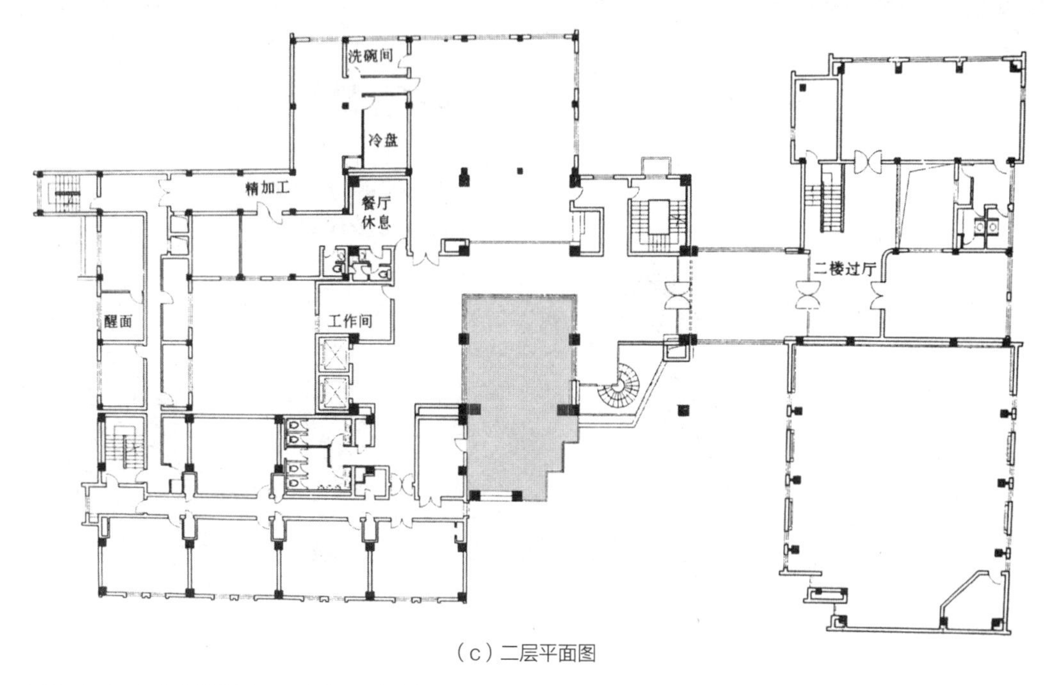

（c）二层平面图

图2-1-3　东南大学榴园宾馆（中国 南京）

（a）外景

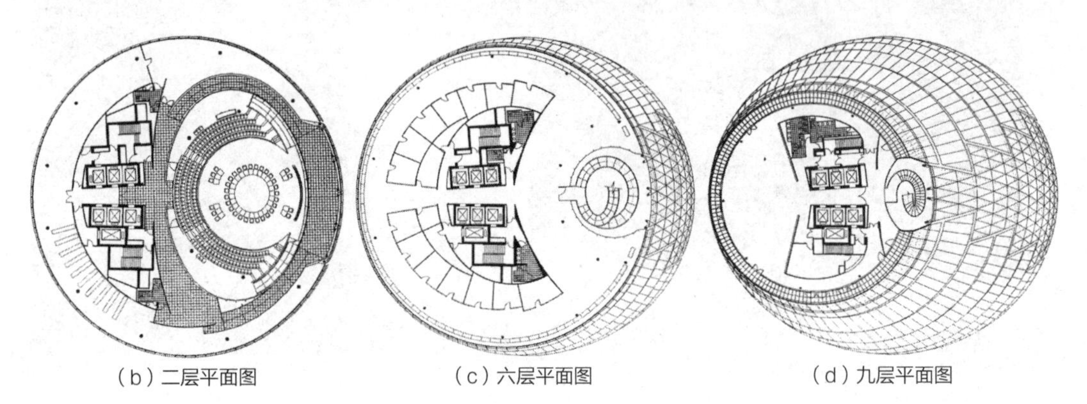

（b）二层平面图　　（c）六层平面图　　（d）九层平面图

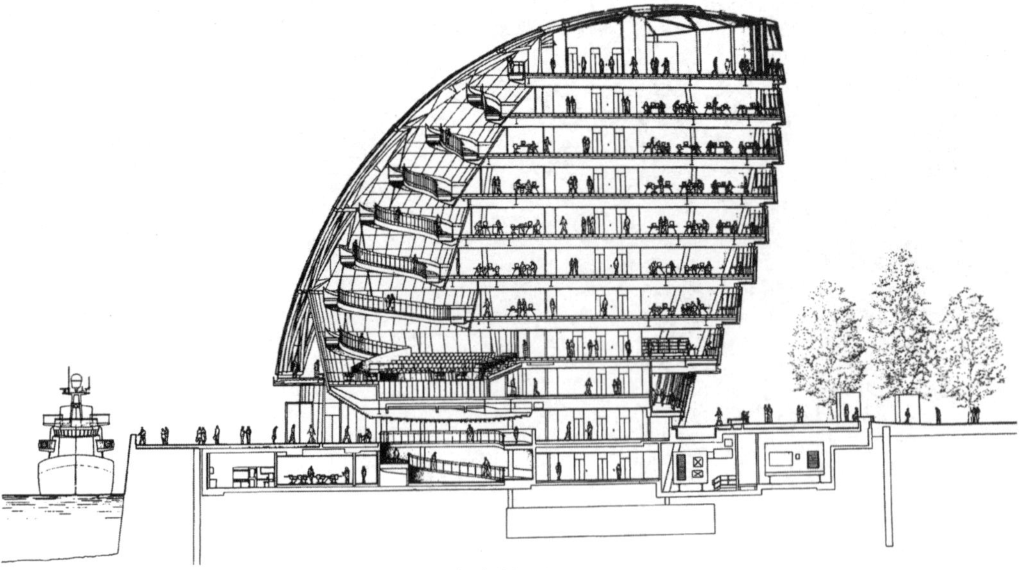

（e）剖面图

图2-1-4　伦敦市政厅（英国 伦敦）

（a）外景

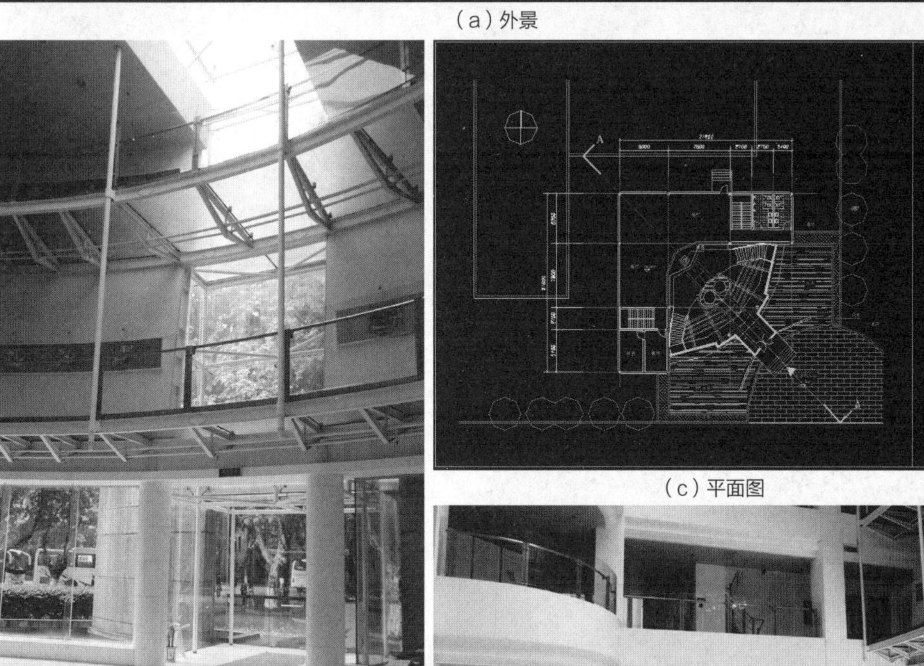

（b）内景1

（c）平面图

（d）内景2

图2-1-5　东南大学吴健雄纪念馆（中国 南京）

（a）外景

（b）内景

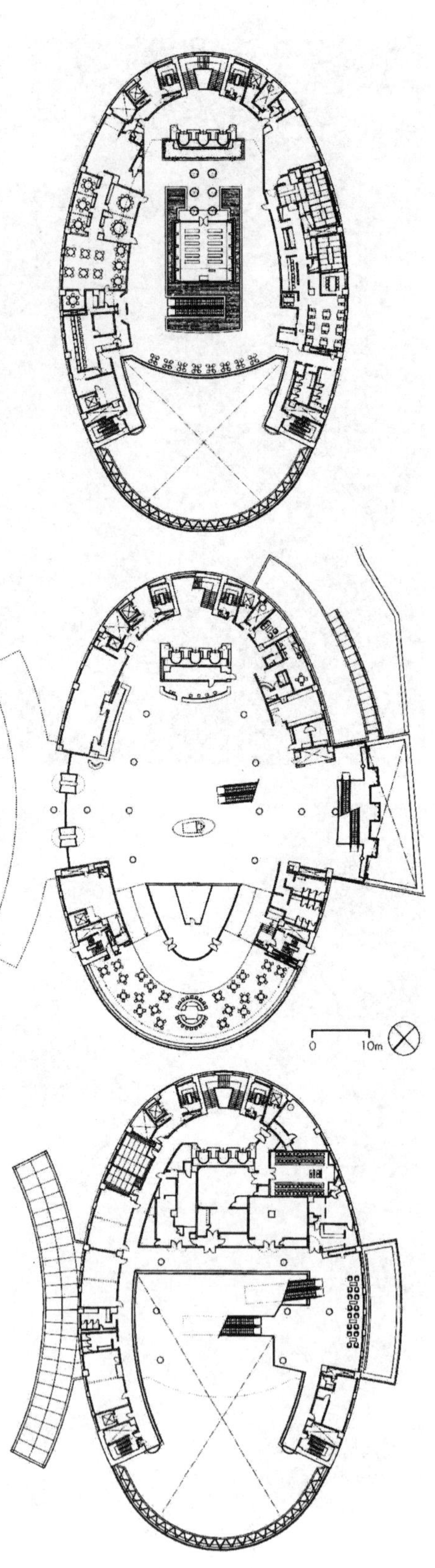

（c）平面图

图2-1-6　Kyocera Hotel（京瓷酒店）（日本）

（a）外景

（b）前厅

图2-1-7　AKAVA公司

（a）内景

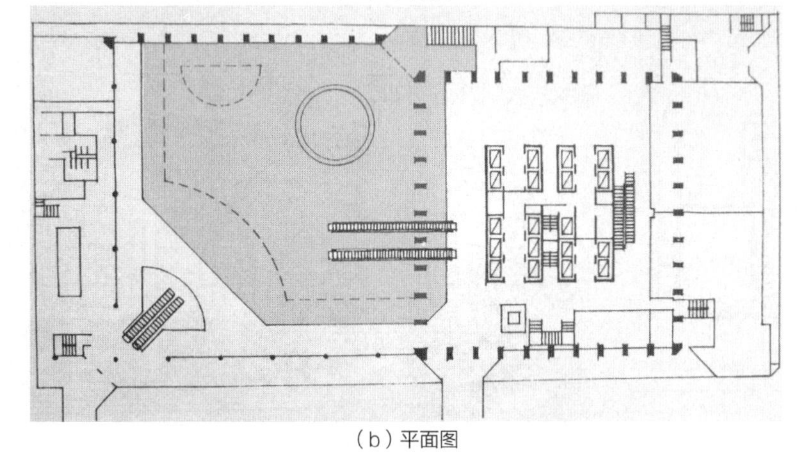

（b）平面图

图2-1-8　置地广场（中国 香港）

2. 转角地段（图2-1-9～图2-1-11）

转角型中庭在两干道交叉或基地局部的转角地段，或结合建筑的台阶、坡道、门廊等处理，形成人流入口或城市标志性节点。但必须设有较大的广场或地下停车场，有利于人群集散而不影响城市交通。

图2-1-9　上海国际购物中心（中国 上海）

上海国际购物中心占地仅7200平方米，地下1层，地上商业8层，办公18层，是一座集购物、餐饮、娱乐、办公于一体的大型综合性商业建筑。

平面布局以“三角形”的母题组合，在东西两端留出大小三角广场，使人流有一缓冲地段，沿街造型以跌落式45°斜面及三角形转折。玻璃幕墙与大片实墙色彩、质感的强烈对比，构成富有时代感的商业建筑形象。

（a）内景

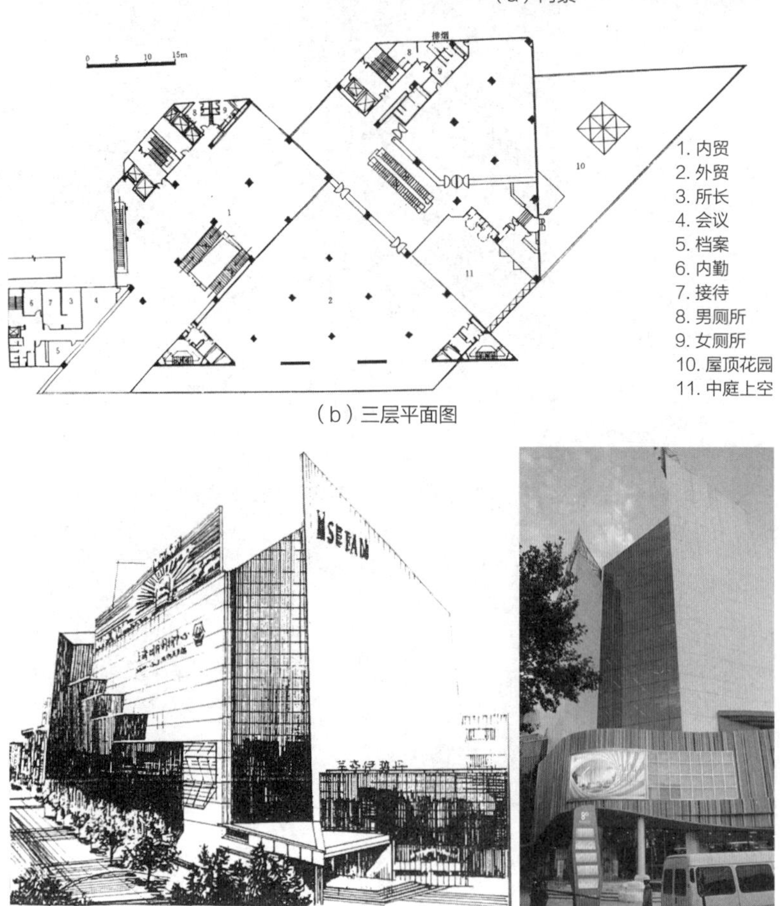

（b）三层平面图

（c）外景

（d）外景（重装后）

（a）实景　　　　（b）剖面图

图2-1-10　郑州大上海城（中国 河南）

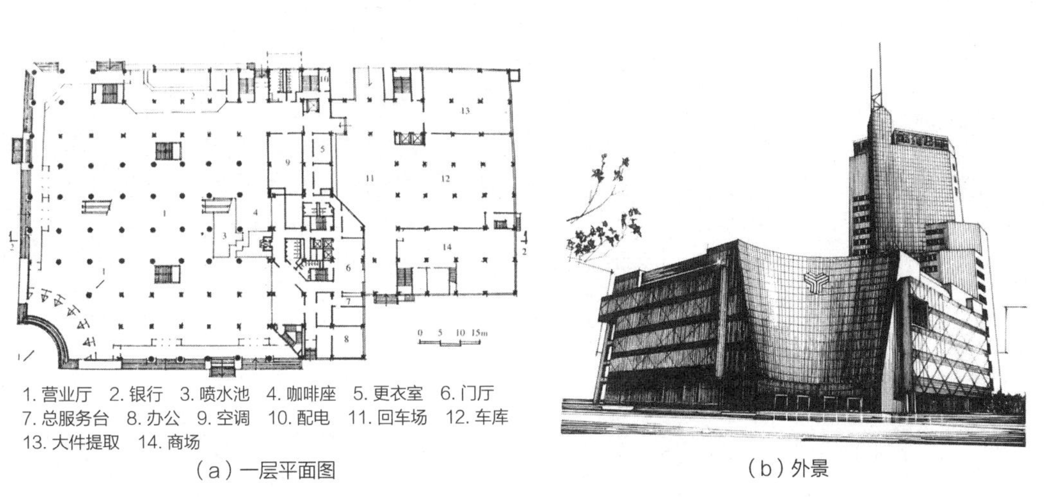

（a）一层平面图　　　　（b）外景

图2-1-11　潍坊银河购物中心（中国 山东）

3．中部回廊型（图2-1-12～图2-1-17）

中庭设置在建筑中部是早期常用的一种布置方法，平面规整，人流活动集聚于中心，形成一种凝聚力，成为活动中心和视觉中心。近年来以柔化中庭边界流畅的弧线、曲线线型构成，随着中庭平面形状、剖面形式的变化，在商业中庭越来越呈现出异彩纷呈的多元化趋势。

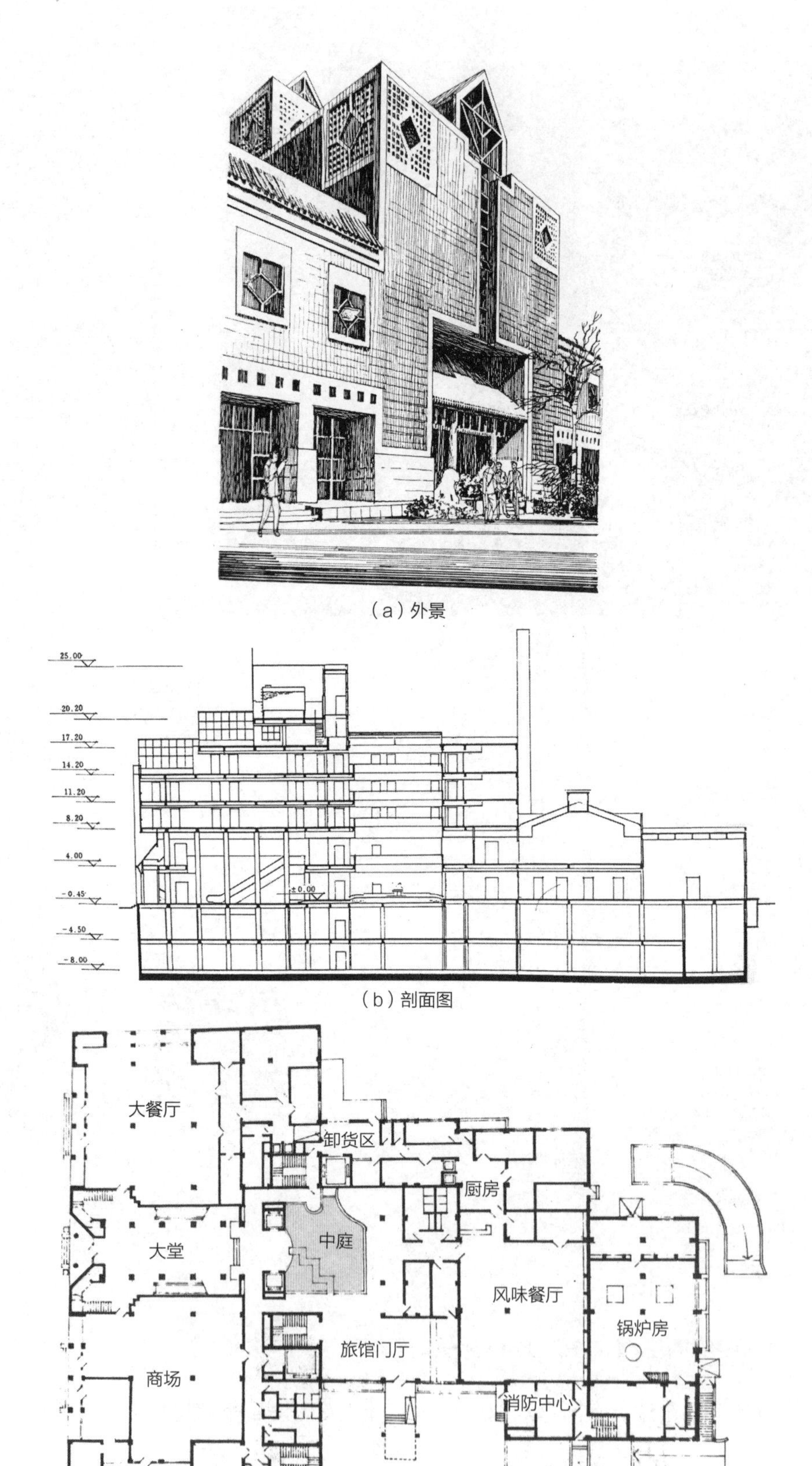

（a）外景

（b）剖面图

（c）平面图

图2-1-12　北京丰泽园（中国 北京）

（a）外景

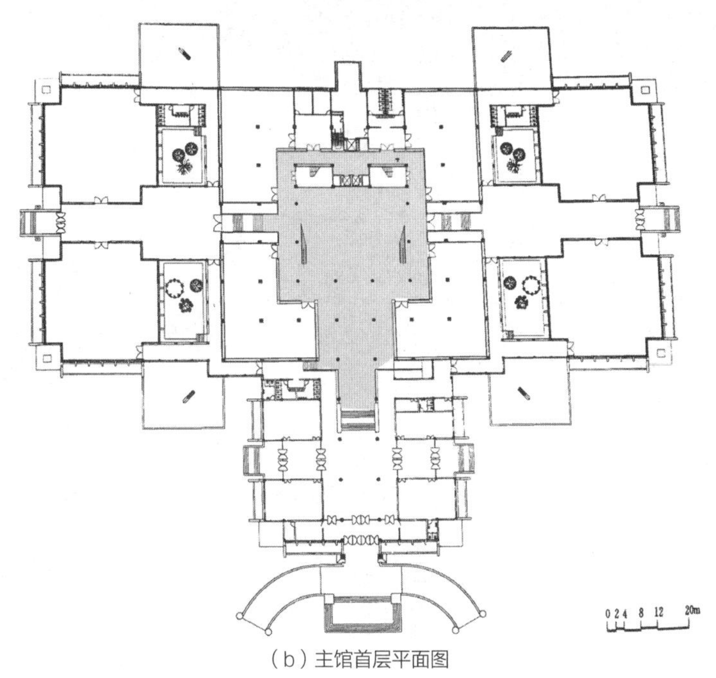

（b）主馆首层平面图

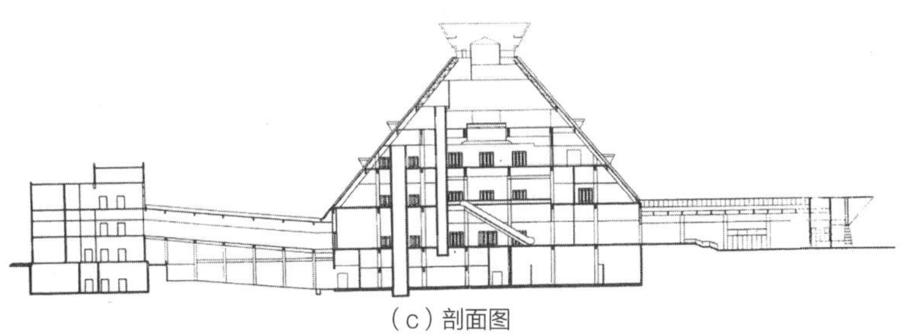

（c）剖面图

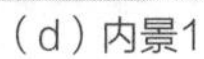

（d）内景1

（e）内景2

图2-1-13　河南省博物院（中国 河南）

以主馆建筑为中心，造型宛若一座顶部为翻斗的金字塔，形象鲜明、寓意深刻。通过空间序列引导至中庭，自然光与人工采光自然融合，别具一格。

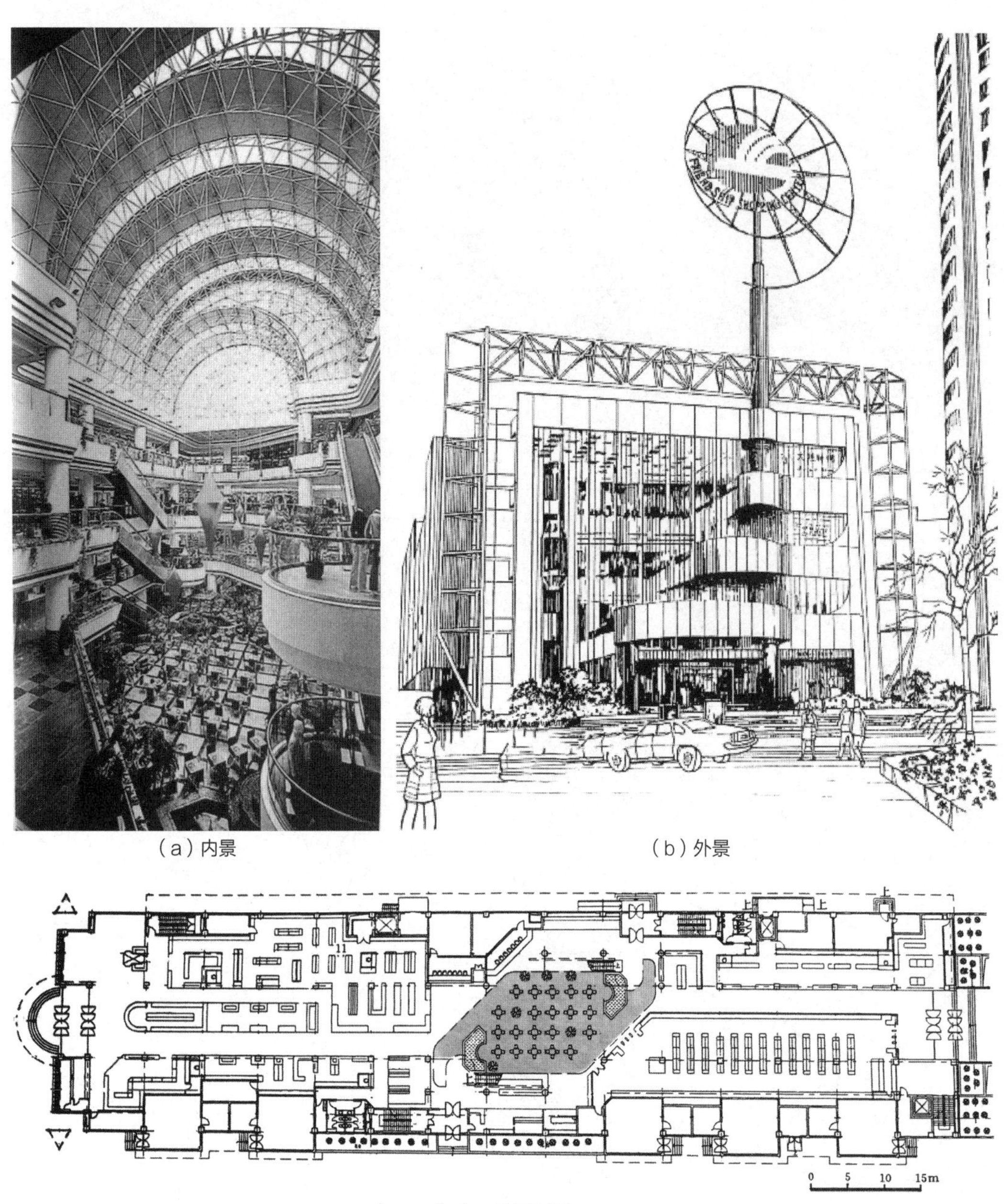

（a）内景

（b）外景

（c）一层平面图

图2-1-14　虹桥友谊商城（中国 上海）

受基地条件限制，在中部设一个4 层阶梯式中庭，折线形周边布置六台自动扶梯，相对交叉运行，既改善了内部室内尺度，又使顾客在这里领略到室内商业的魅力。

（a）内景1

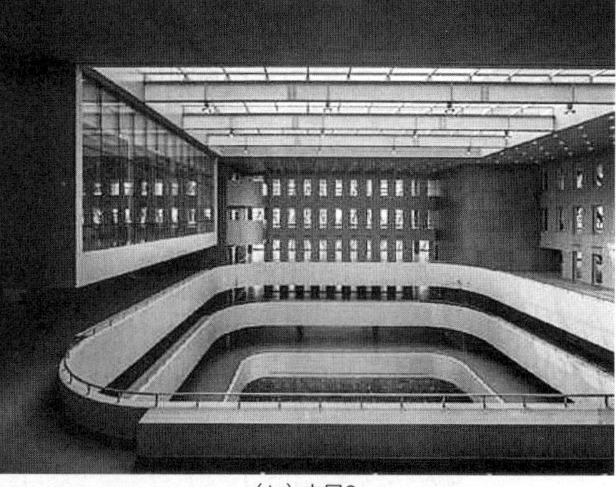

（b）内景2

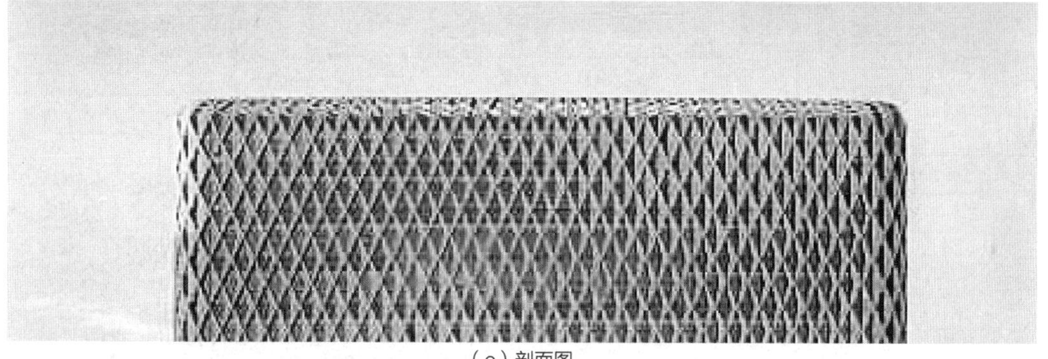

（c）剖面图

（d）外景

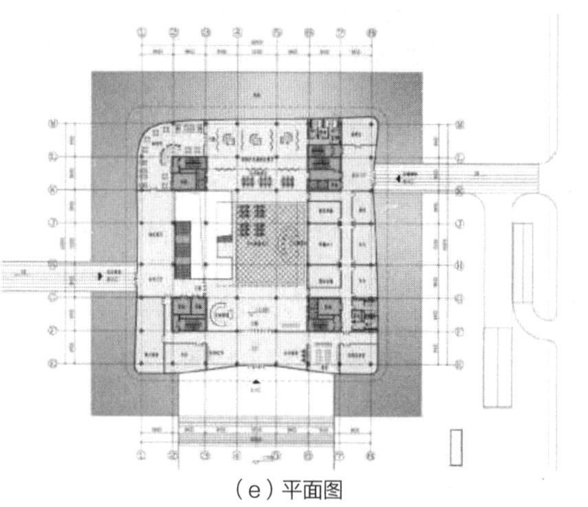

（e）平面图

图2-1-15　北京建筑大学新图书馆（中国 北京）

（a）外景1

（c）外景2

（b）内景1

（d）内景2

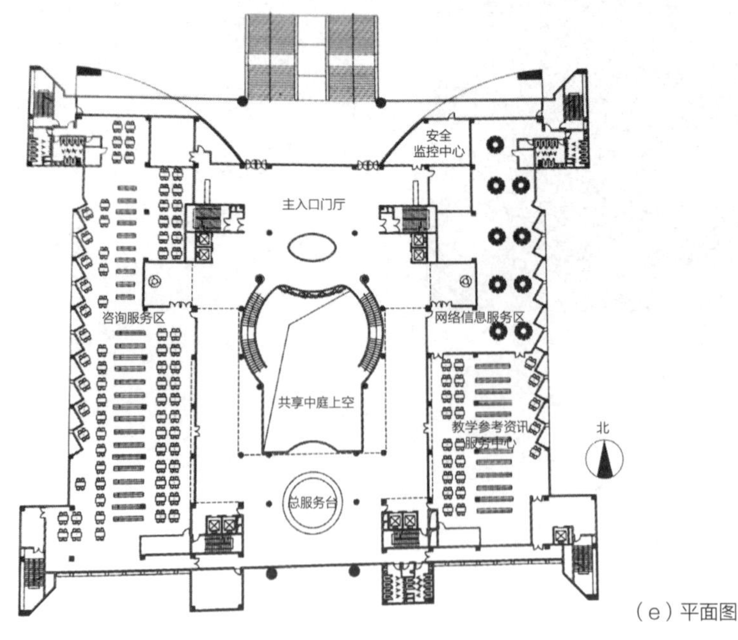

（e）平面图

图2-1-16　中山大学图书馆（中国 中山）

（a）外景1

（b）外景2

（c）内景

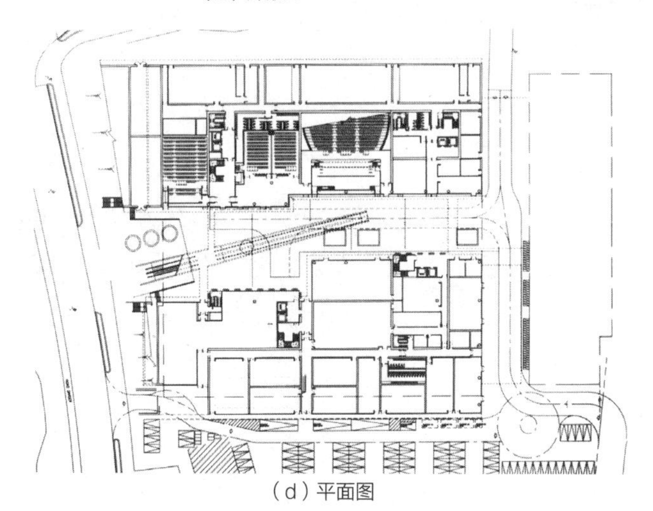

（d）平面图

（e）剖面图

图2-1-17　香港设计创意学院（中国 香港）

从平台层跨六层的直达自动扶梯，以天桥连接两座教学塔楼气势颇为壮观。沿周边的平台层为师生提供宽阔的功能区域及安全的活动空间。

4．串联型（图2-1-18、图2-1-19）

串联型中庭，即为几何形态串联起多个中庭，在处理上宜分出主次、断续或贯通，并以多种自动扶梯的布置手法丰富中庭的空间效果。发挥中庭底层空间的多功能使用，为商品推介、营销、文化展示、演出等提供更为宽敞的公共活动场所，把底层至上层的自动扶梯设置相邻近的中庭，而将上层的自动扶梯、挑台等作为观赏的节点。

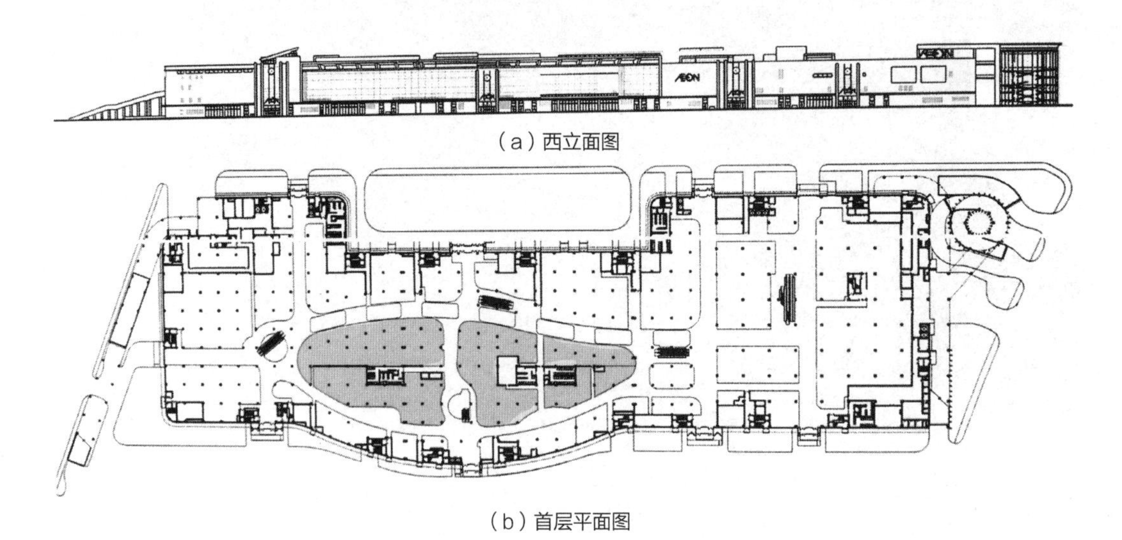

（a）西立面图

（b）首层平面图

图2-1-18　深圳某购物中心（中国 深圳）

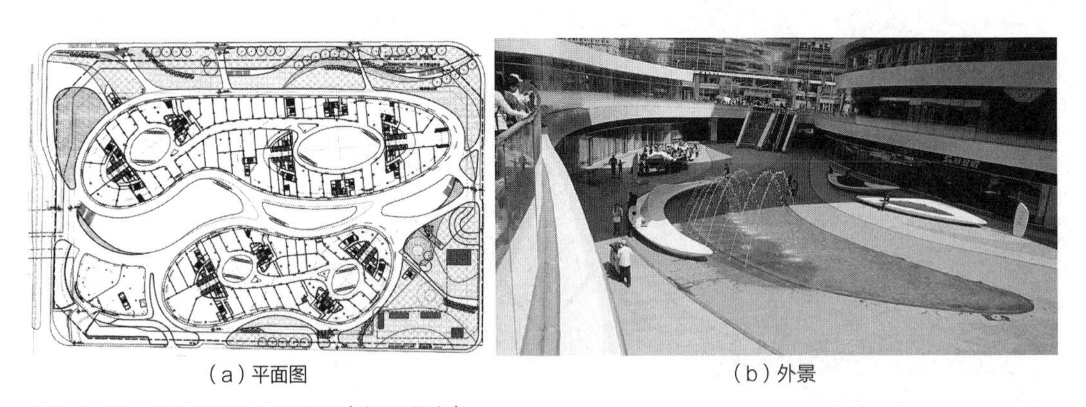

（a）平面图

（b）外景

图2-1-19　北京银河SOHO商场（中国 北京）

5．单元组合型（图2-1-20～图2-1-22）

在教学、办公建筑中插入中庭功能单元，以组合建筑群体，又能保持各单元的独立性。

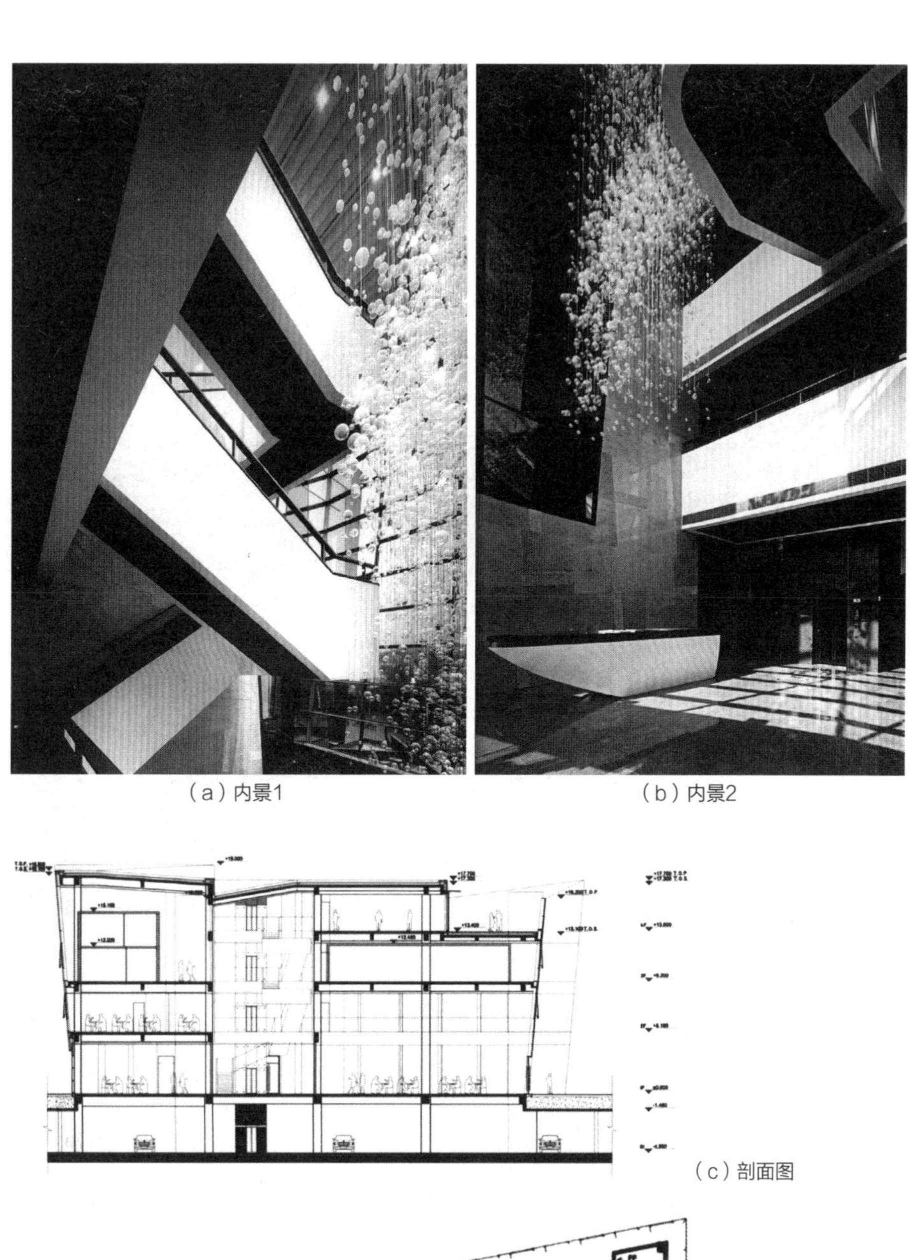
（a）内景1
（b）内景2
（c）剖面图

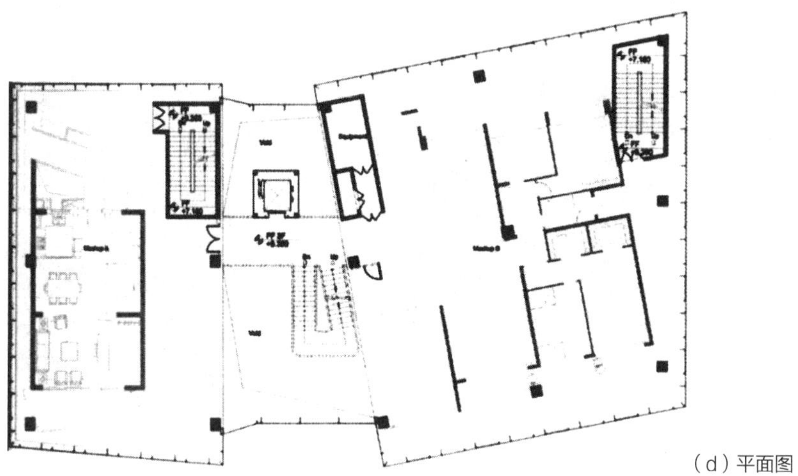
（d）平面图

图2-1-20　深圳侨城一号（中国 深圳）

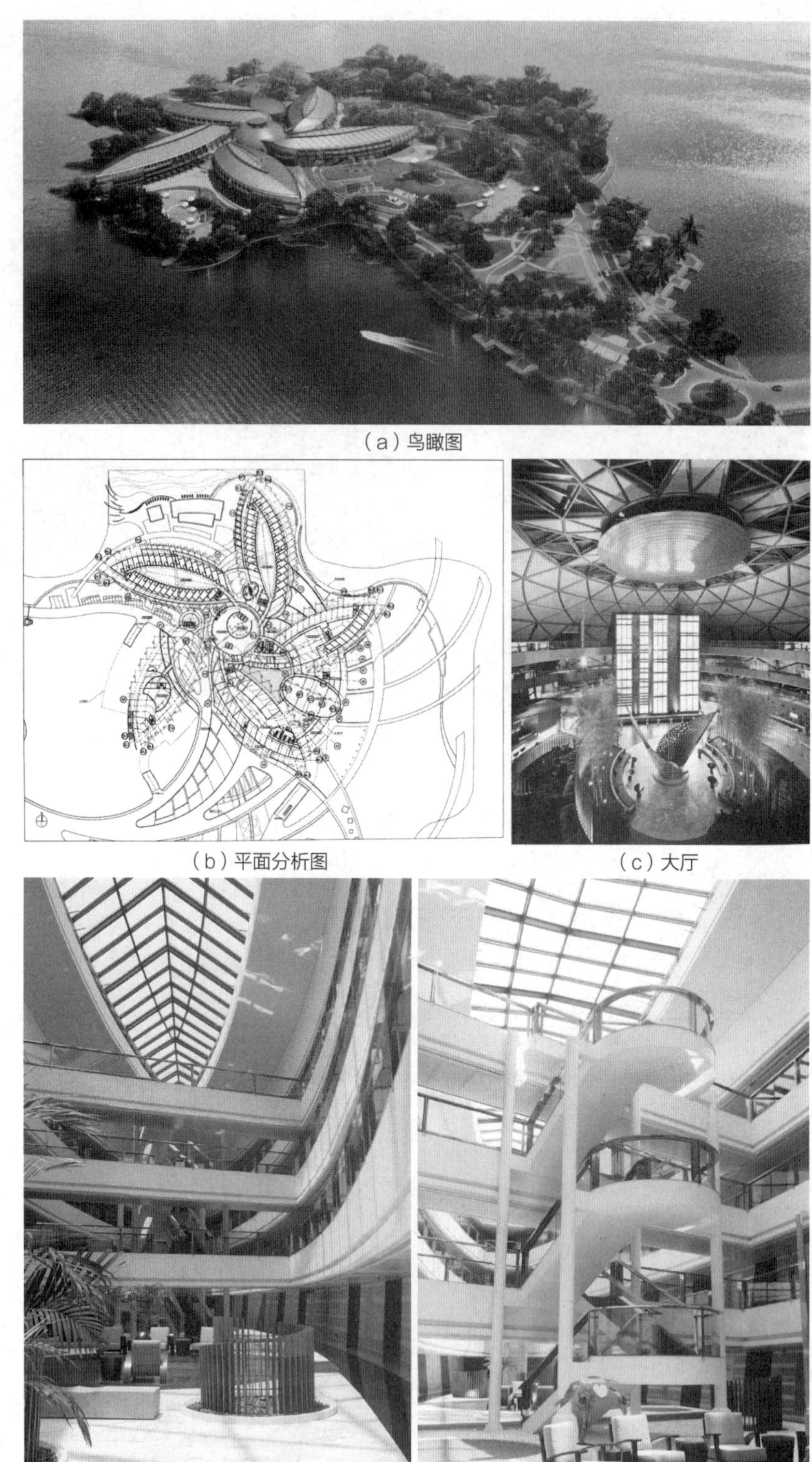

（a）鸟瞰图

（b）平面分析图

（c）大厅

（d）客房中庭

（e）客房中庭楼梯

图2-1-21　上海滴水湖皇冠假日酒店（中国 上海）

以绽放的花瓣形为单元，形成放射状的组合形式，使各单元尽可能得到广阔的视野与景观。

（a）中庭

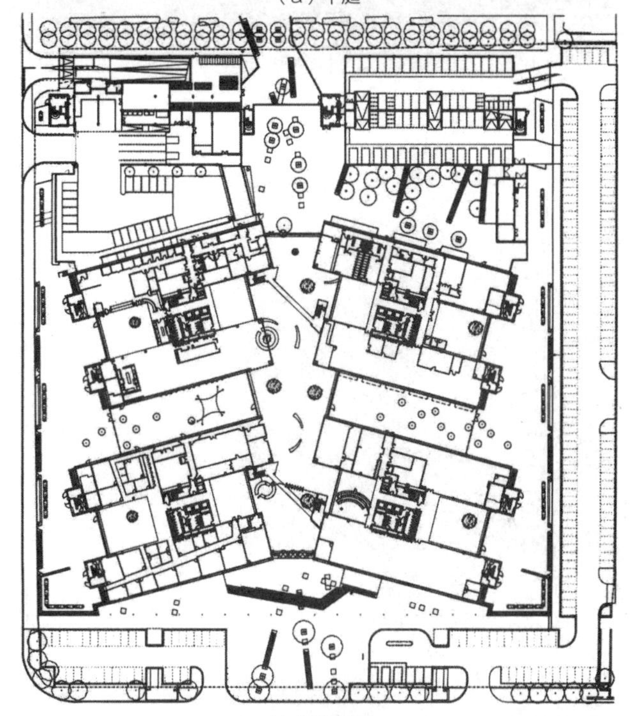
（b）平面图

图2-1-22　国外某办公楼　　（c）外景

6. 高层型（图2-1-23～图2-1-26）

一般从底层至顶层布置的中庭，逐步发展成塔式高层建筑上层布置中庭的手法拓展了高层建筑空间构成的理念与思路。从传统围绕核心筒的高层行政、办公等建筑，使人们长时间内远离自然生活要素，因紧张的工作状态、心理孤独、视野疲劳而引发所谓的“高层综合征”。

为改善封闭的工作环境，提供自然化的交往休闲空间，丰富建筑内部视觉环境，在高层建筑插入不同层数的单个或多个封闭、半封闭以至“开敞”的中庭空间，以及在塔式楼中、上部核心筒式的中庭等。这使高层建筑空间构成迈出新的一步并向着生态、绿化以及创造景观空间的实践发展。高层型中庭所带来的改善自然通风、空气对流，受控的阳光、遍布的绿色环境为建筑生态化、节能提供了有利条件。

（a）客房平面图　　（b）手绘线描

图2-1-23　上海金茂大厦（中国 上海）

金茂大厦地下有3层，地上有88层，建筑高度达420.5米，主体呈方形，每边宽53.6米，53～87层为世界最高的五星级酒店，围绕30余层中庭四周布置客房，88层为观光。

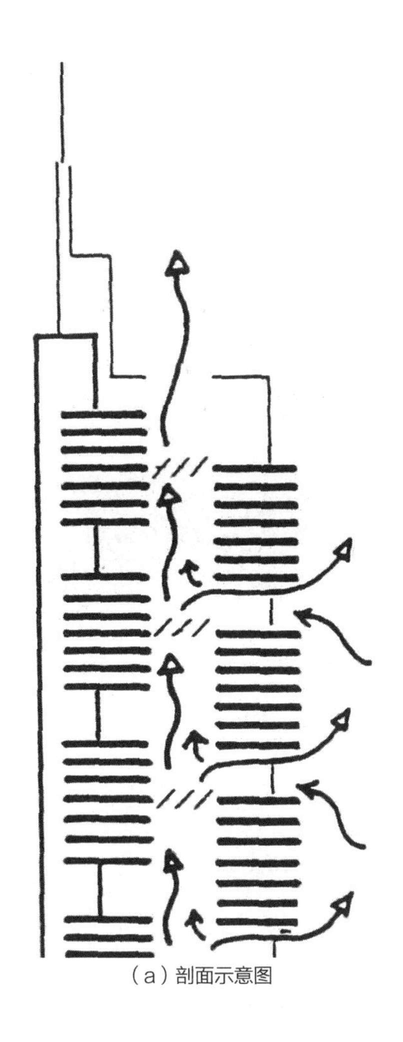

（a）剖面示意图

（b）外景图

（c）空中中庭剖面图

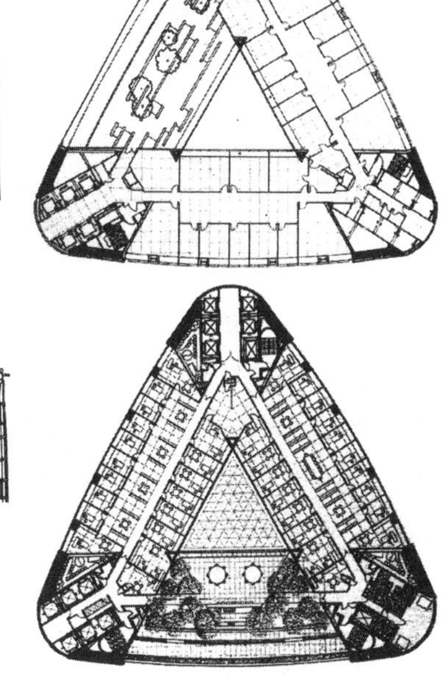

（d）平面图

图2-1-24　法兰克福商业银行大厦（德国 法兰克福）

（a）外观

（b）内景

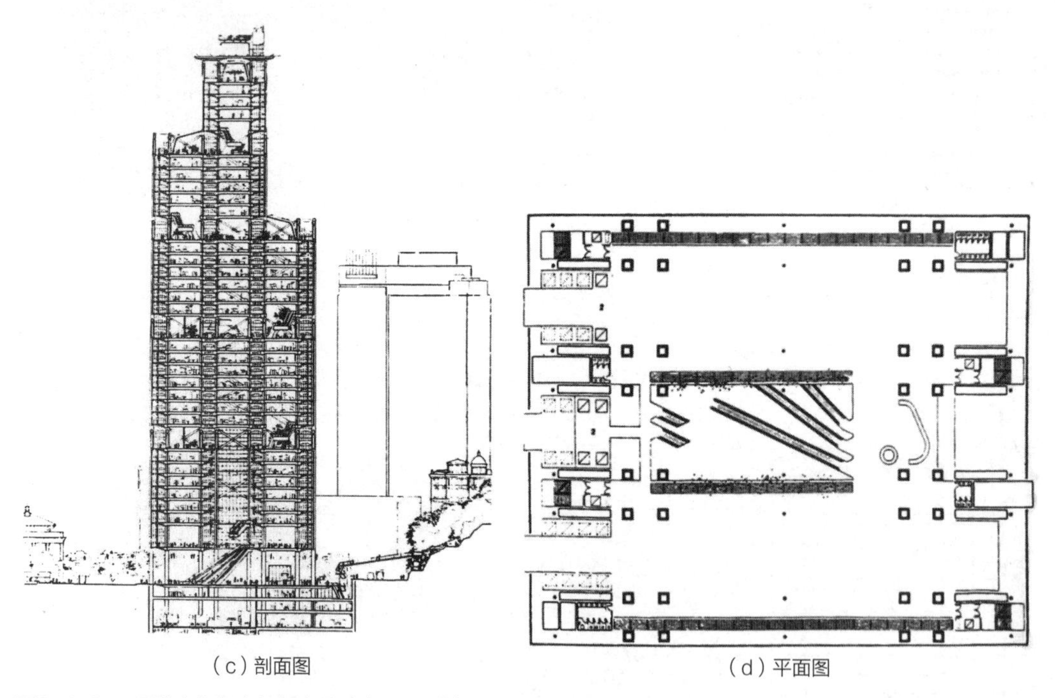

（c）剖面图　　（d）平面图

图2-1-25　香港上海汇丰银行大厦（中国 香港）

大厦共48层，其中地下有4层，地上有44层。整座大厦呈矩形，底层架空，与城市街道相贯通。两部呈扇形排列的自动扶梯直达二层营业大厅。

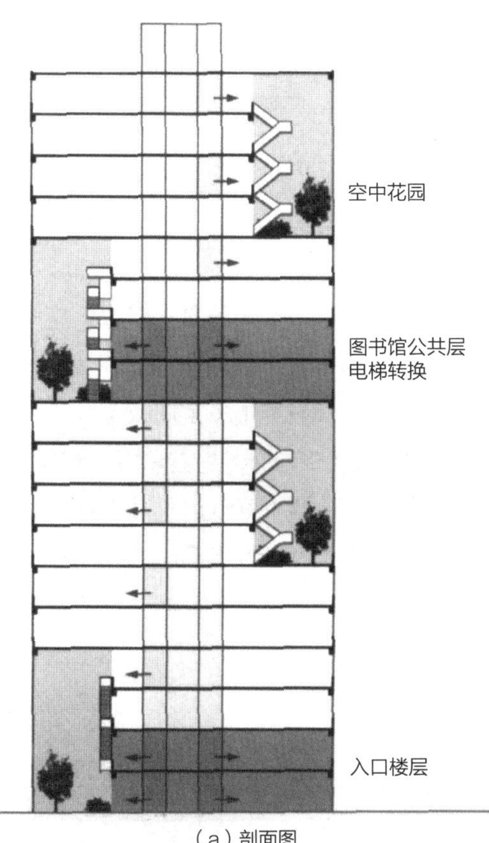

（a）剖面图

（b）外景

图2-1-26　香港理工大学新区学院（中国 香港）

2.2　中庭的平面

从功能分析入手进行平面布局是早期现代建筑设计的一般方法，而如今，从三维甚至多维空间入手构思所谓“空间——建筑的主角”，已成为建筑创作的趋势。因此，从平面入手已远远不能适应中庭的创作，但学习、观摩及分析建筑作品仍可以以平面分析作为起步。

在不同的公共建筑类型中，由于功能要求、建筑规模的相异，以及基地、环境的条件，中庭在平面中的位置、形状、数量、布局、组合出现了多种多样的手法，中庭设计成为公建内部空间创造的重点。纵向高耸、平面流畅、空间错落、视野开阔、风格多样的中庭成为当代公共建筑的特征。

虽然由于设计理念、构思的确立、切入点、创新点的不同形成多种方案的探索，但根本上从上述各方面的分析，结合流线、形态、空间组合、业态分布等，反复比较、推敲、统筹安排，才能使方案得以完善。

2.3 中庭的形状

中庭的平面形状一般除方形、矩形、三角形、圆形、椭圆形等基本几何形外，也有以直线、弧线构成的各种形态。中庭可以是单一的或多个中庭相结合的串联型。由于建筑规模向大型、综合性发展，后者已成为文化博览、大型购物中心选用的主要形式。

中庭的空间是三维的，甚至是“多维”的，在平面构思实践中，应结合中庭的剖面，如界面要素、垂直交通、空间形态、天棚造型等处理，从分解到综合、从局部到整体以达到标新立异、独树一帜的中庭空间效果。

在众多的选例中，对中庭的平面形状可作简略的归纳与基本形分析，使在学习、进行方案设计之初对各建筑类型、规模的中庭设置的功能性与适应性有基本的了解与选择，但中庭形状一旦确定，将对方案起着统领的作用。在操作中，结合其他中庭构成要素，不断调整以把握中庭空间的整体理念。

各基本形中庭的特点如下：

中庭的平面形状除了有方形、矩形、多边形、三角形、圆形、椭圆形等基本几何形外，还有以直线、弧线构成的各种形态。中庭可以是单一的，也可以是多种形态相组合。由于现代建筑逐渐向大型、综合型发展，后者已成为大型公共建筑选用的主要型式。

1．方形、矩形（图2-3-1～图2-3-9）

形状规整，柱网结构布置简明，流线清晰，适应性强。规模较大的对称性中庭具有一定的礼仪性与庄重感。

（a）一层平面图

（b）二层平面图

（c）中庭

图2-3-1　Prixlegg 中学

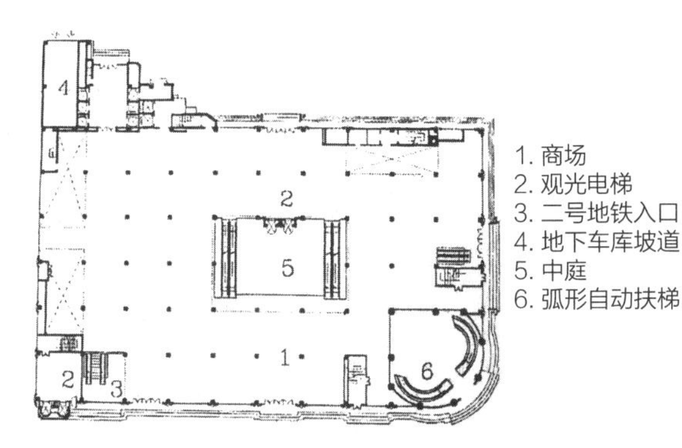

（a）一层平面图　　（b）外景

图2-3-2　上海新世界城（中国 上海）

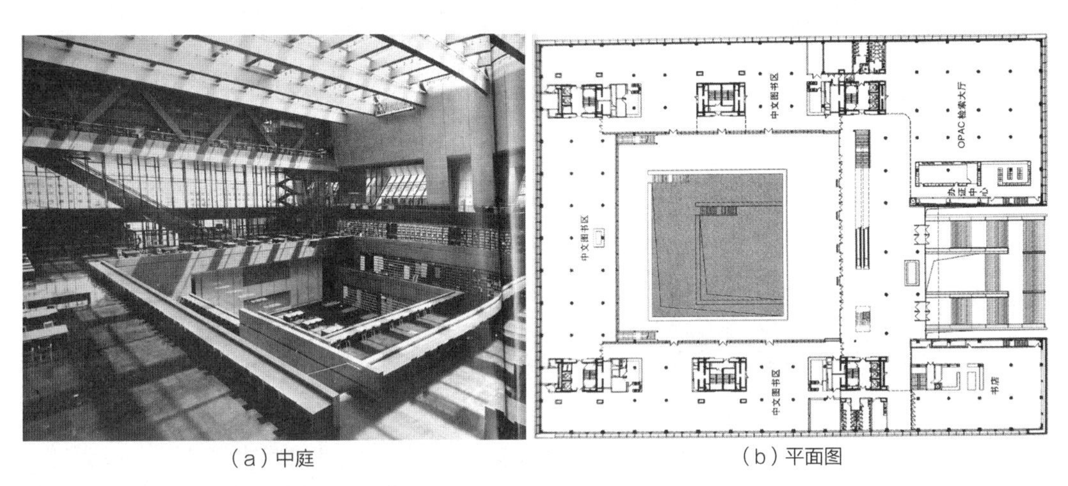

（a）中庭　　（b）平面图

图2-3-3　中国国家图书馆（中国 北京）

图2-3-4　深圳博物馆（中国 深圳）

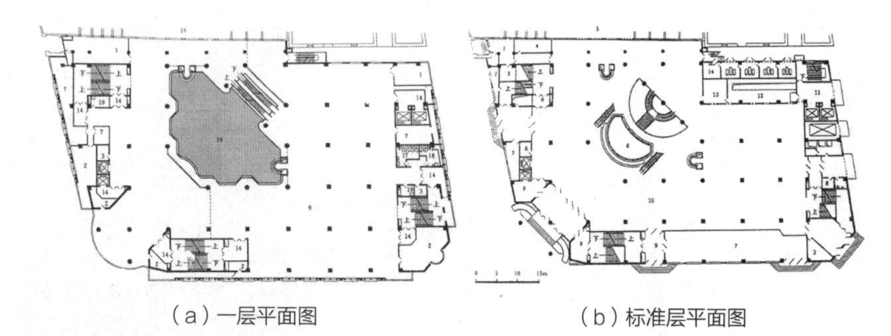

（a）一层平面图　　（b）标准层平面图

图2-3-5　天津劝业场新楼（中国 天津）

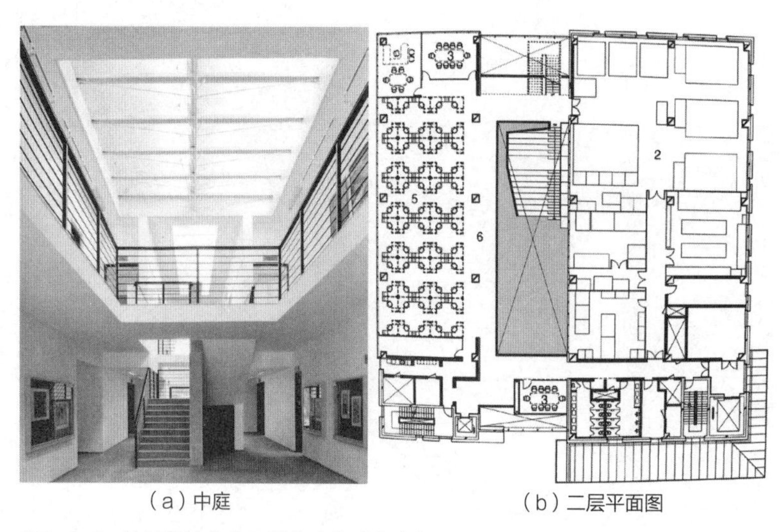

（a）中庭　　（b）二层平面图

图2-3-6　杜恩学校艺术和媒体中心（印度）

（a）内景1

（b）内景2

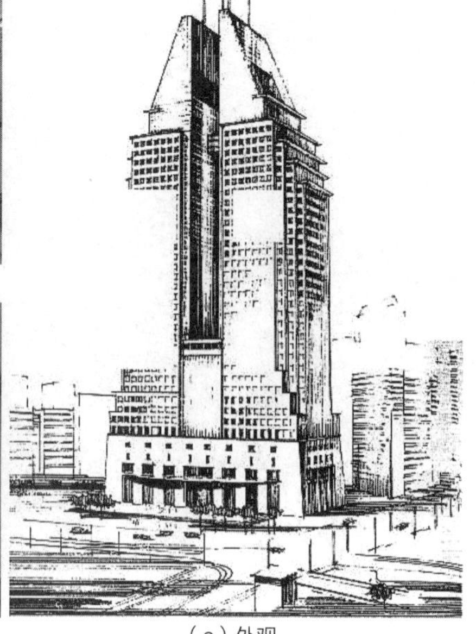

（c）外观

图2-3-7　郑州裕达国贸中心（中国 郑州）

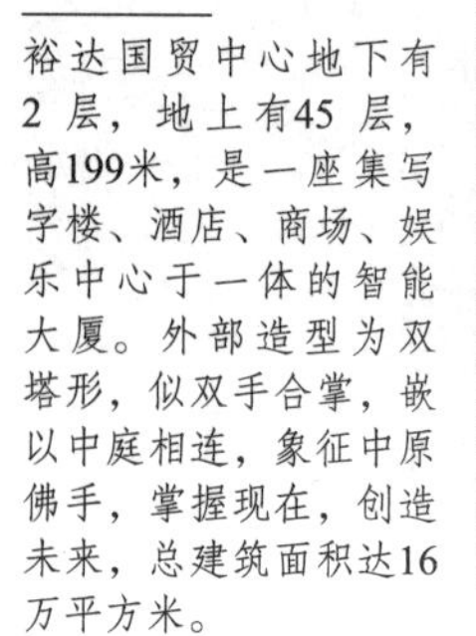

裕达国贸中心地下有2层，地上有45层，高199米，是一座集写字楼、酒店、商场、娱乐中心于一体的智能大厦。外部造型为双塔形，似双手合掌，嵌以中庭相连，象征中原佛手，掌握现在，创造未来，总建筑面积达16万平方米。

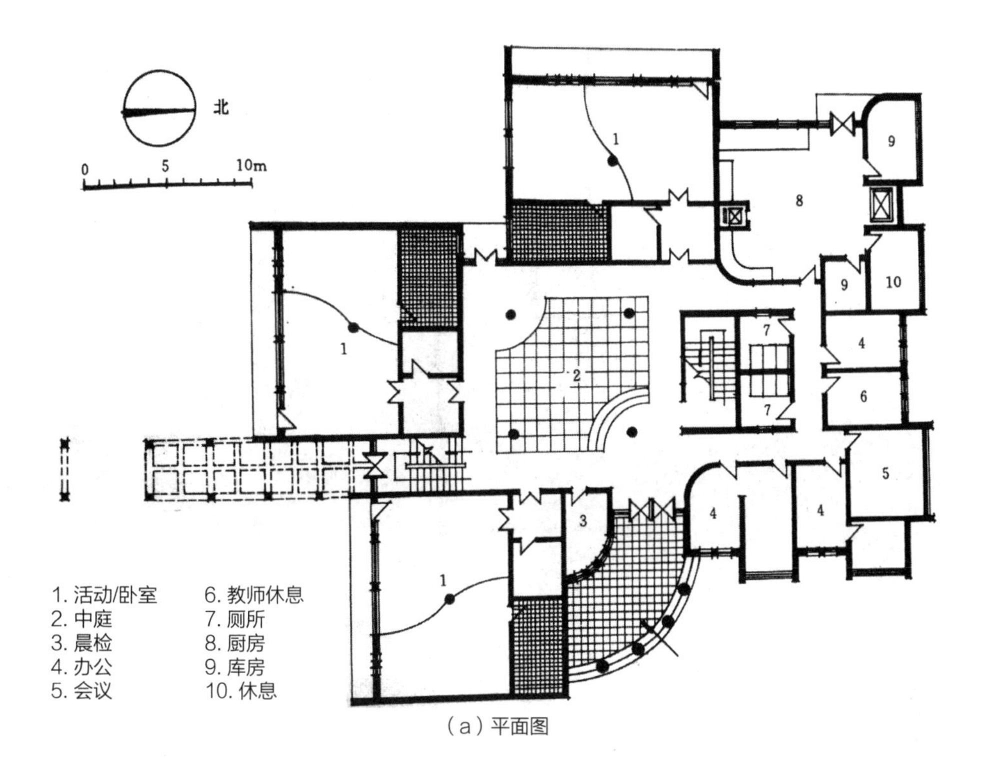

（a）平面图

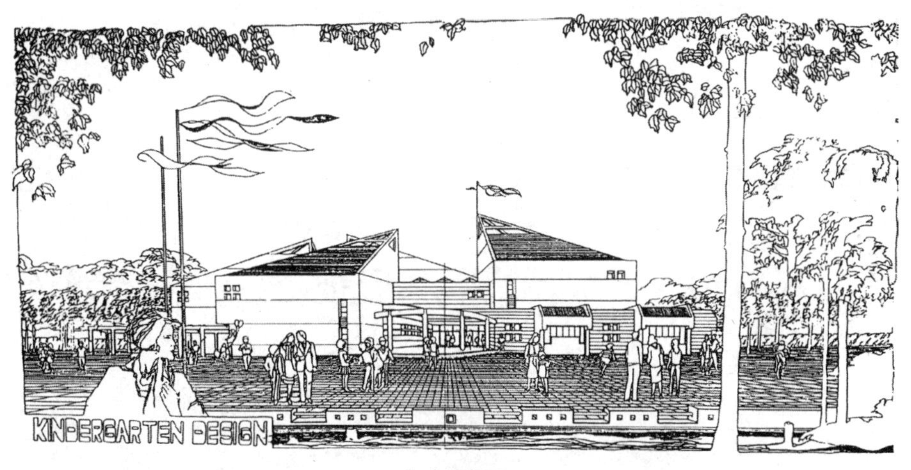

（b）透视图

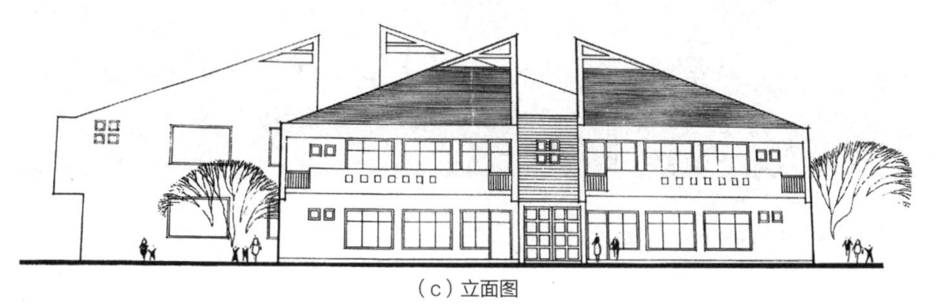

（c）立面图

图2-3-8　某幼儿园

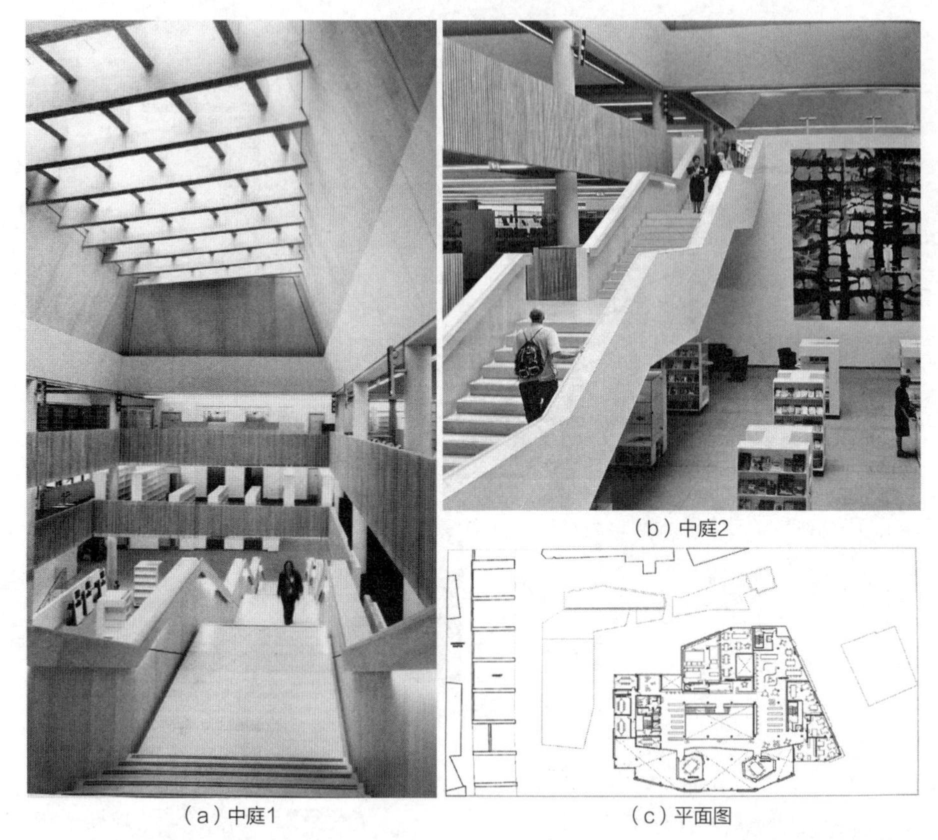

（a）中庭1　（b）中庭2　（c）平面图

图2-3-9　伍斯特大学蜂巢图书馆（英国 伍斯特）

2．多边形（图2-3-10～图2-3-14）

（a）内景　（b）外景

图2-3-10　香港城市大学设计学院（中国 香港）

（a）内景1

（b）外景

（c）内景2

（d）内景3

图2-3-11　伊斯兰艺术博物馆（卡塔尔 多哈）

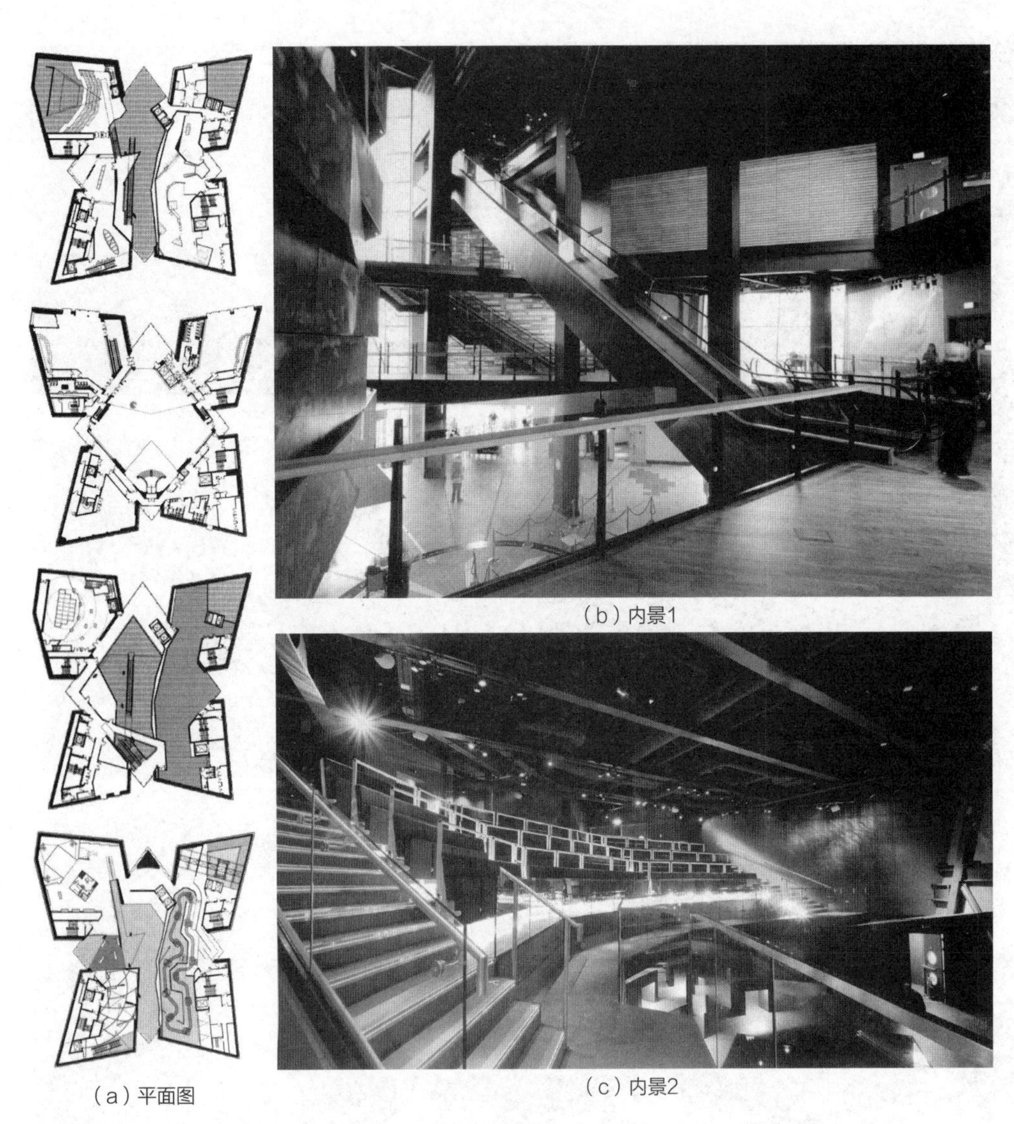
（a）平面图
（b）内景1
（c）内景2

图2-3-12　泰坦尼克博物馆（北爱尔兰 贝尔法斯特）

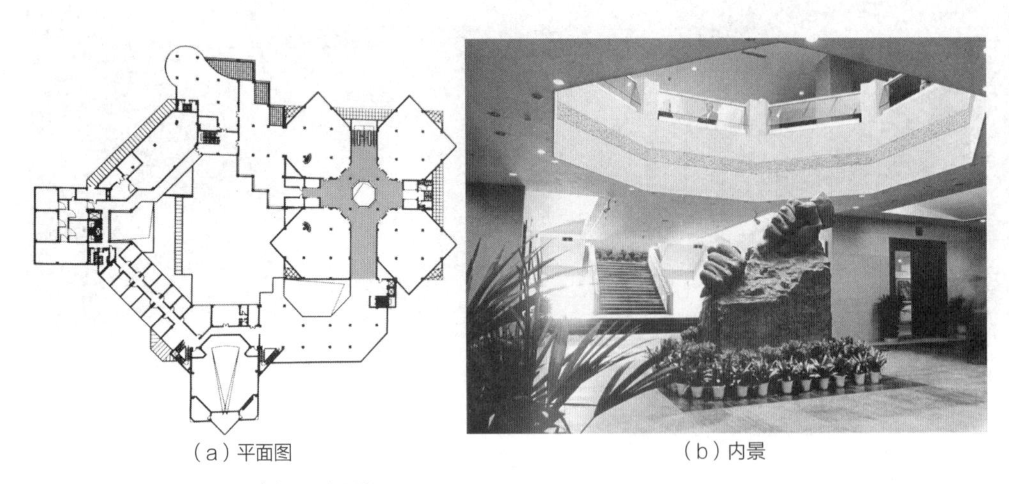
（a）平面图
（b）内景

图2-3-13　广东美术馆（中国 广州）

（a）外景

（b）内景1

（c）内景2

图2-3-14　香港文化中心（中国 香港）

3．三角形（图2-3-15～图2-3-19）

在总体上大都受制于基地情况、边界条件，中庭界面的交接使灭点在画面之外，而使空间有延伸感，视觉印象深刻。中庭廊道的护栏锐角应注意软化。

（a）中庭仰视图

（b）外景

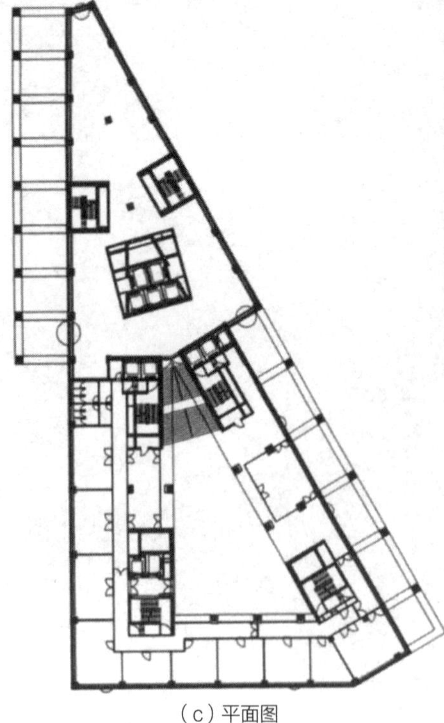

（c）平面图

图2-3-15　国外某办公楼

不等边三角形有两个延伸的灭点，使空间有无限的延伸感，给予人们一种新的视觉体验。

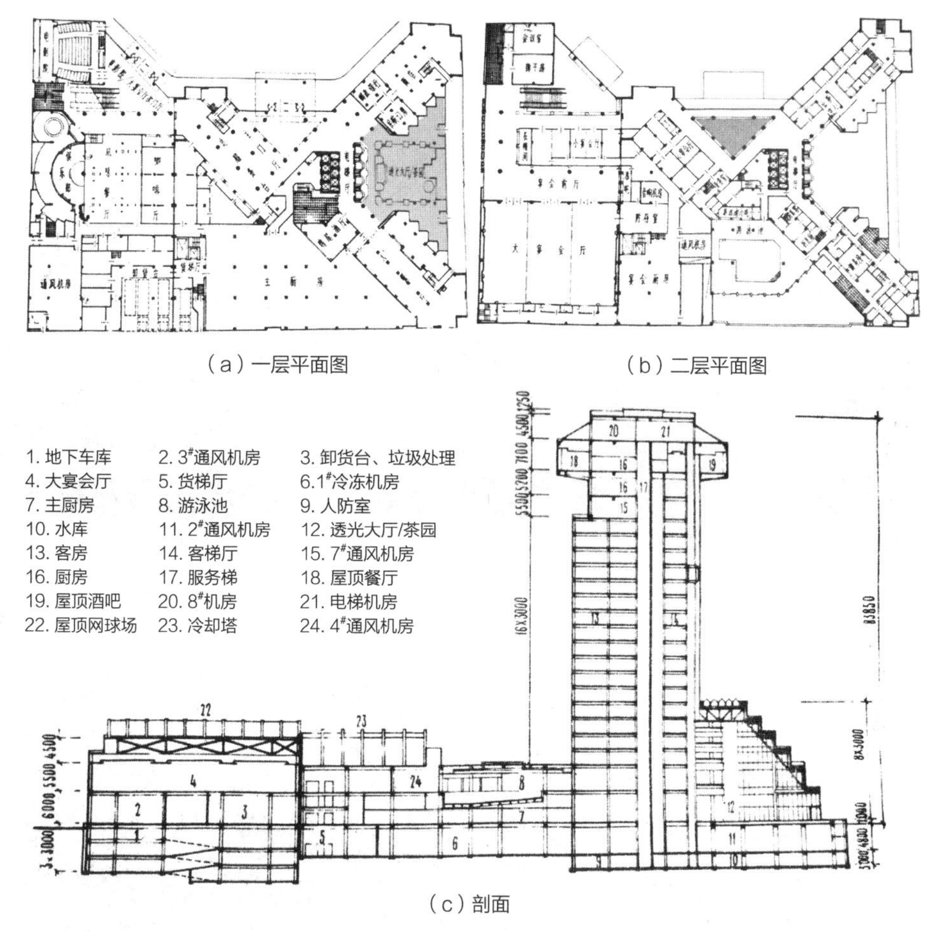

（a）一层平面图　（b）二层平面图

（c）剖面

图2-3-16　长城饭店（中国 北京）

图2-3-17　某办公楼内景1

图2-3-18　某办公楼内景2

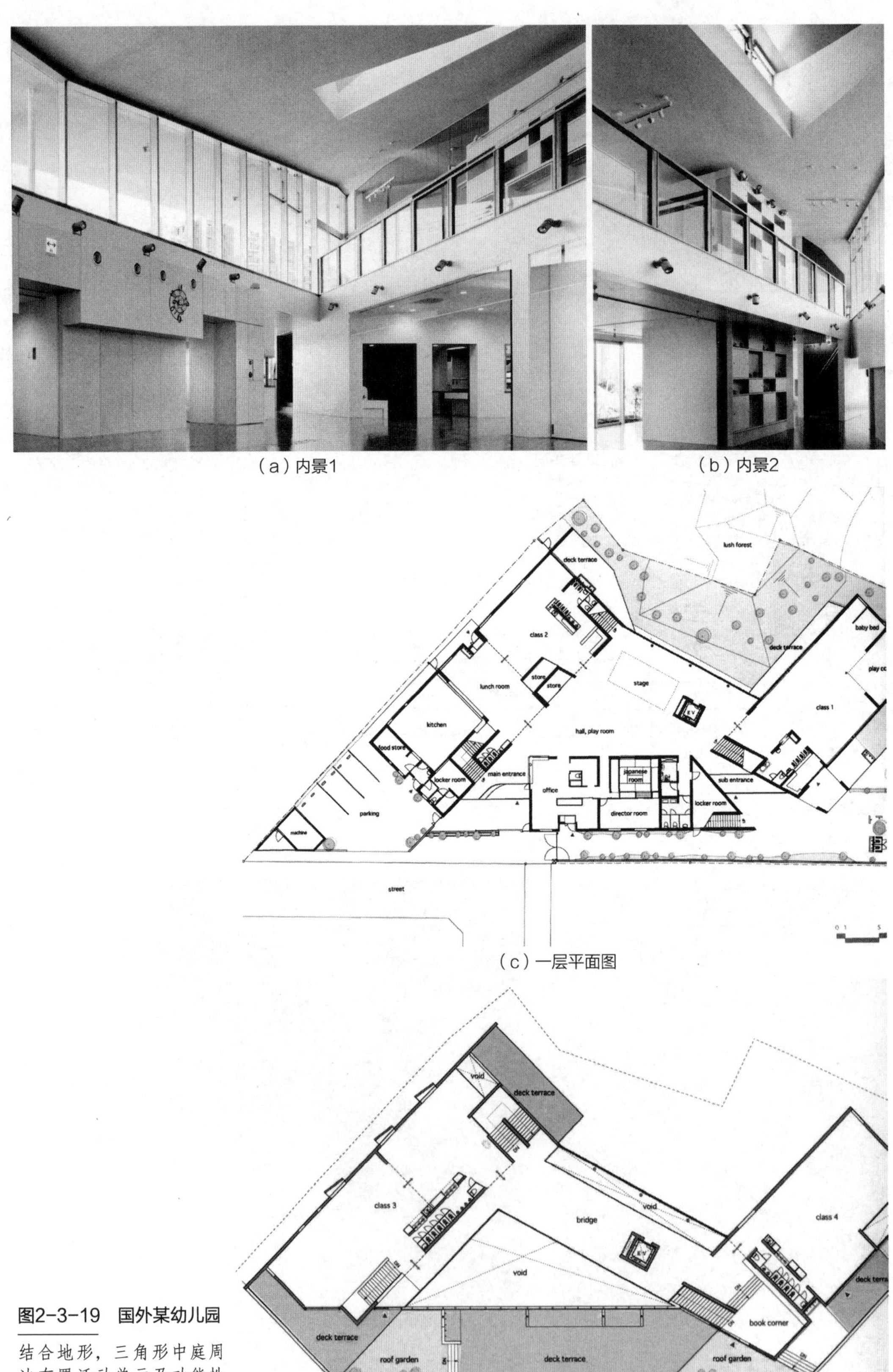

（a）内景1

（b）内景2

（c）一层平面图

（d）二层平面图

图2-3-19 国外某幼儿园

结合地形，三角形中庭周边布置活动单元及功能性用房，还有一面开敞，获得了良好的环境条件。

4．圆形（图2-3-20～图2-3-24）

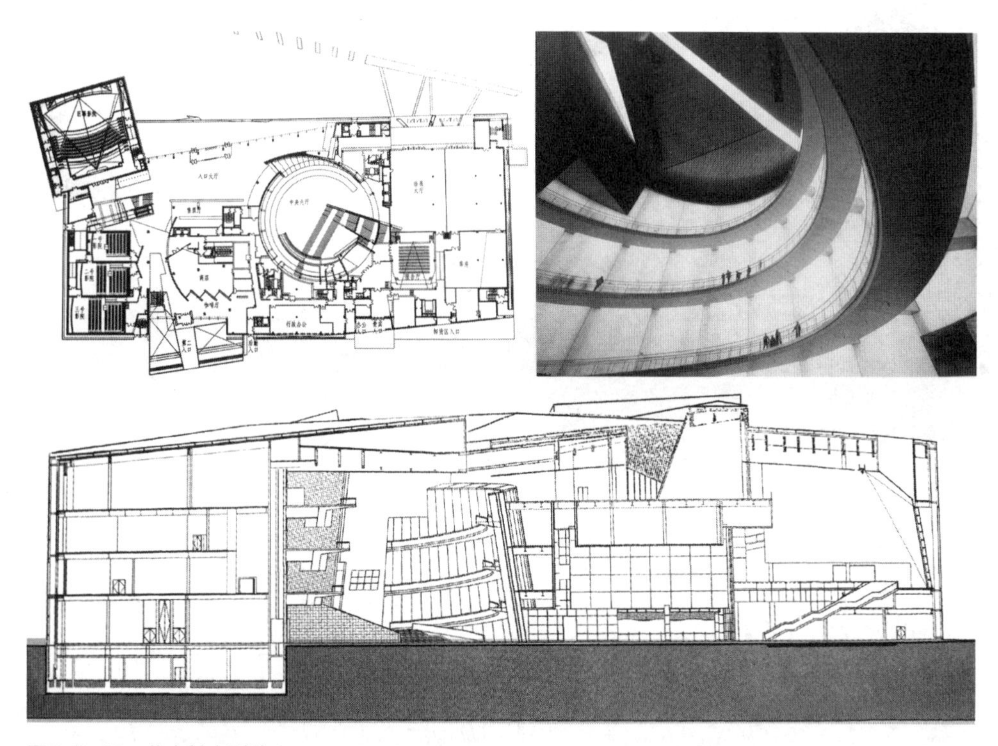

图2-3-20　北京某电影院

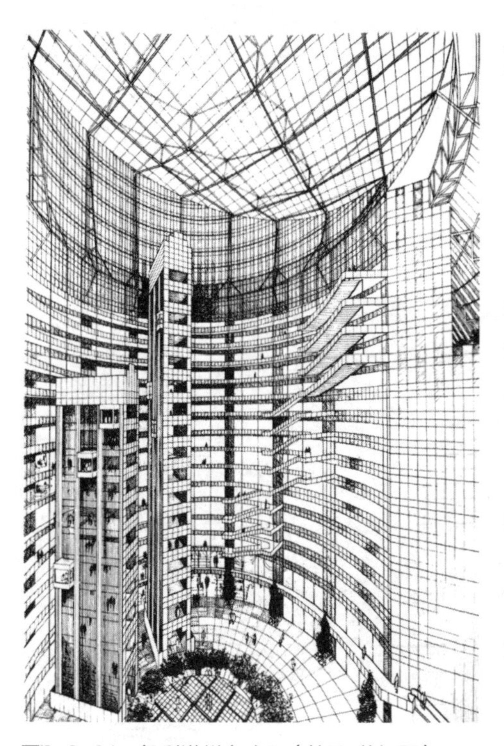

图2-3-21　伊利诺州市政厅（美国 芝加哥）

图2-3-22　吉林大学实验楼

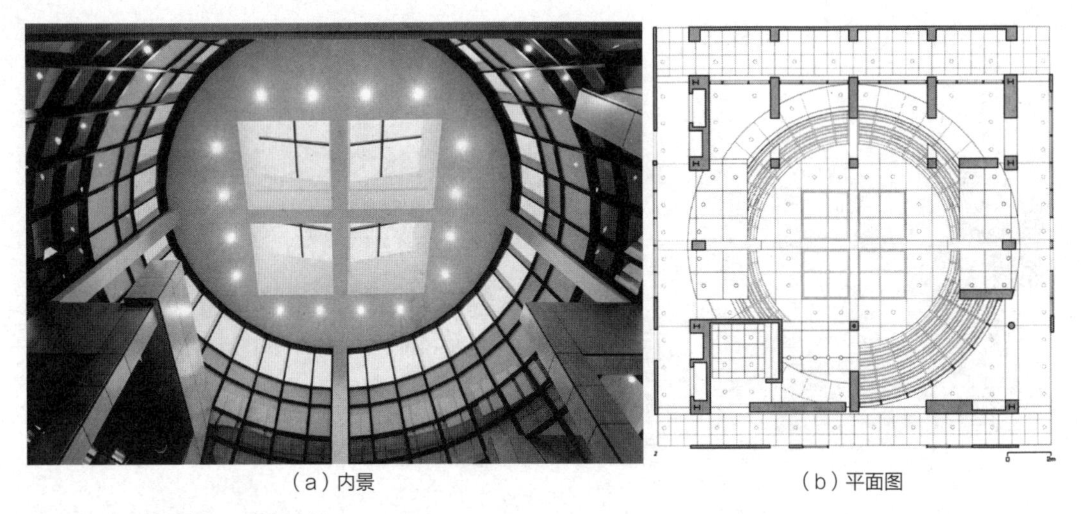

（a）内景　　（b）平面图

图2-3-23　国外某公司总部大楼

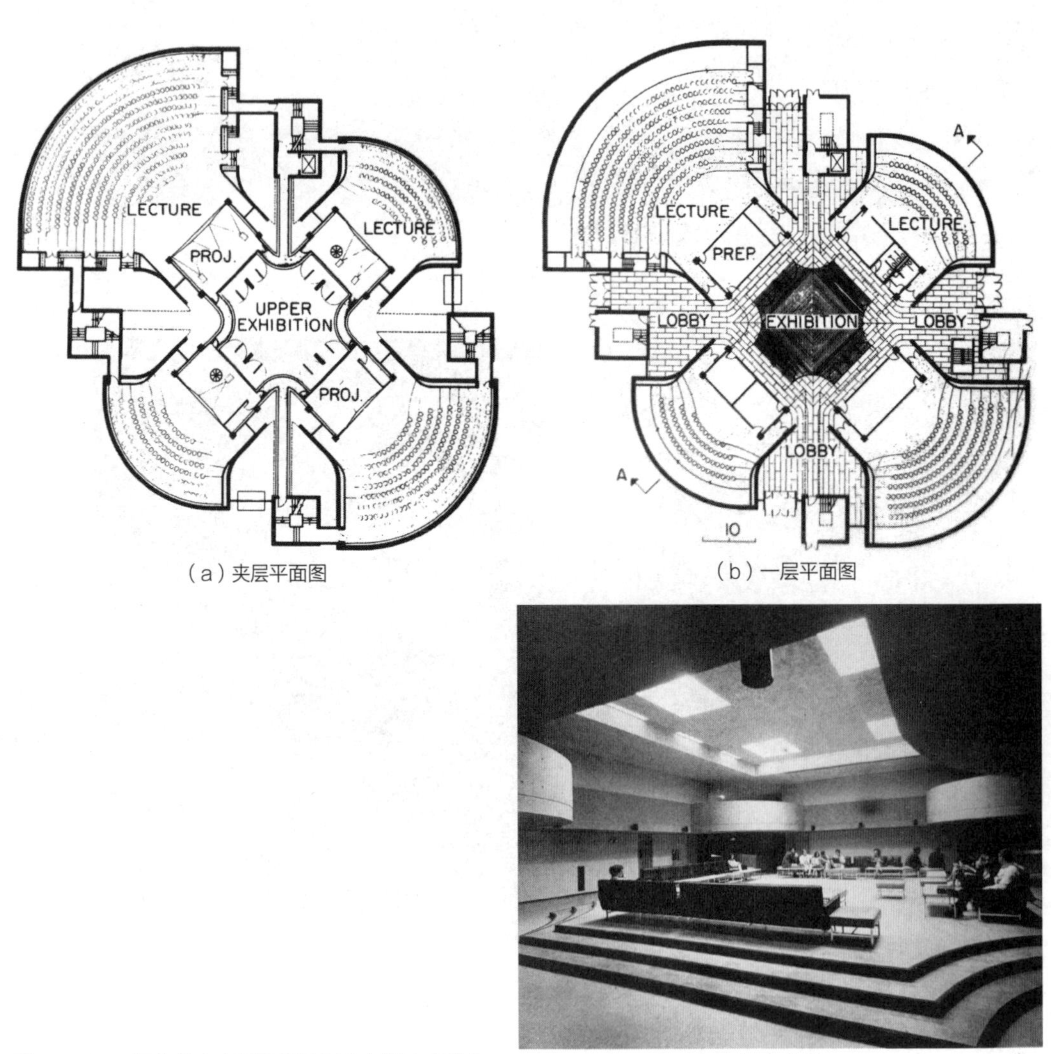

（a）夹层平面图　　（b）一层平面图

（c）内景

图2-3-24　纽约州立大学学术报告厅（美国 纽约）

5．椭圆形（图2-3-25～图2-3-28）

鹅蛋形的中庭、环形的通廊，透过正面9层高弧形玻璃幕墙，街上行人可看到交错布置的自动扶梯，游人上下穿梭，成为中庭布局的一个亮点。中庭上部设置室内过山车，在玻璃天棚上飞越流动。

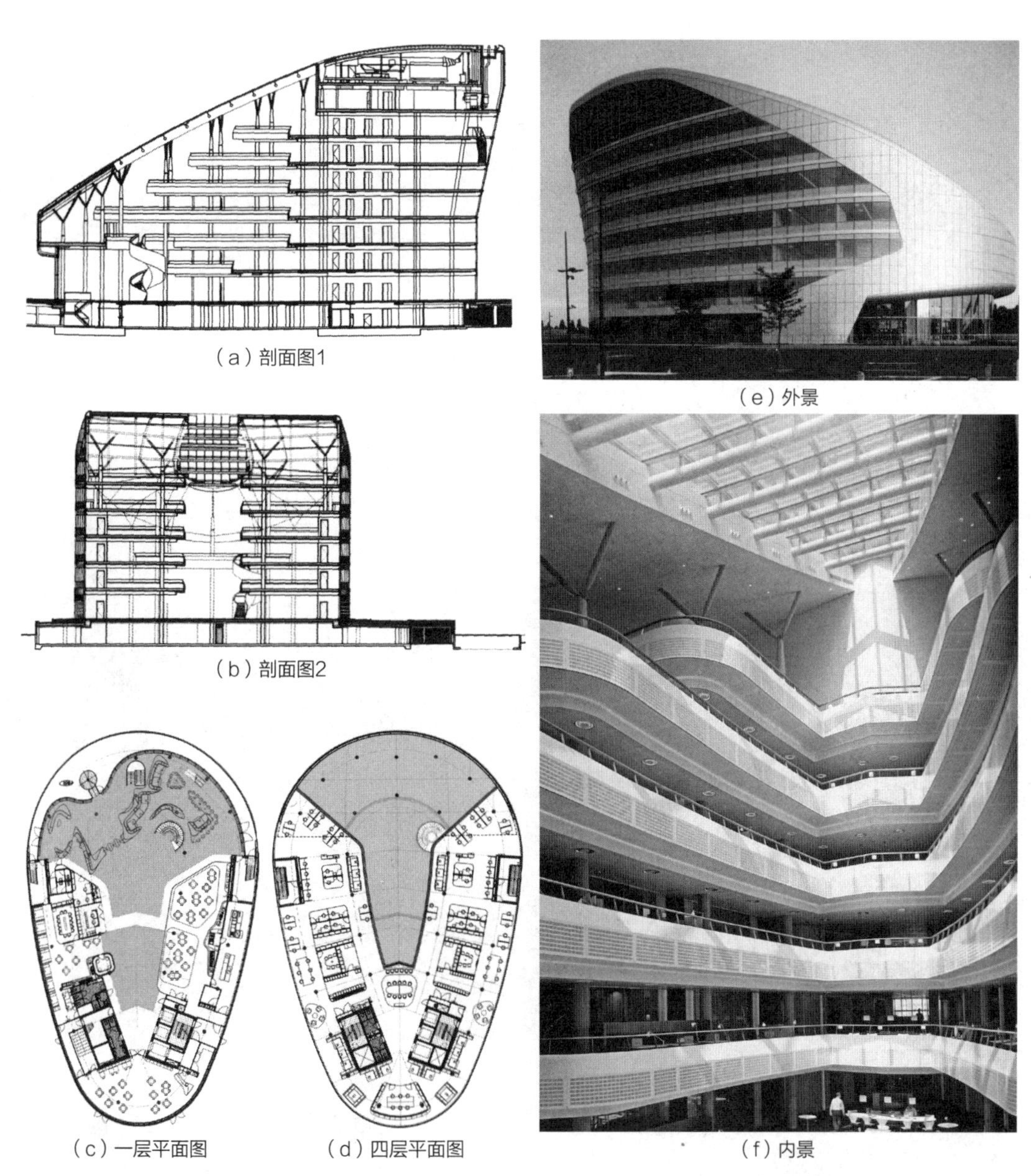

（a）剖面图1

（b）剖面图2

（c）一层平面图

（d）四层平面图

（e）外景

（f）内景

图2-3-25 Sab i（总部）（荷兰 斯塔德）

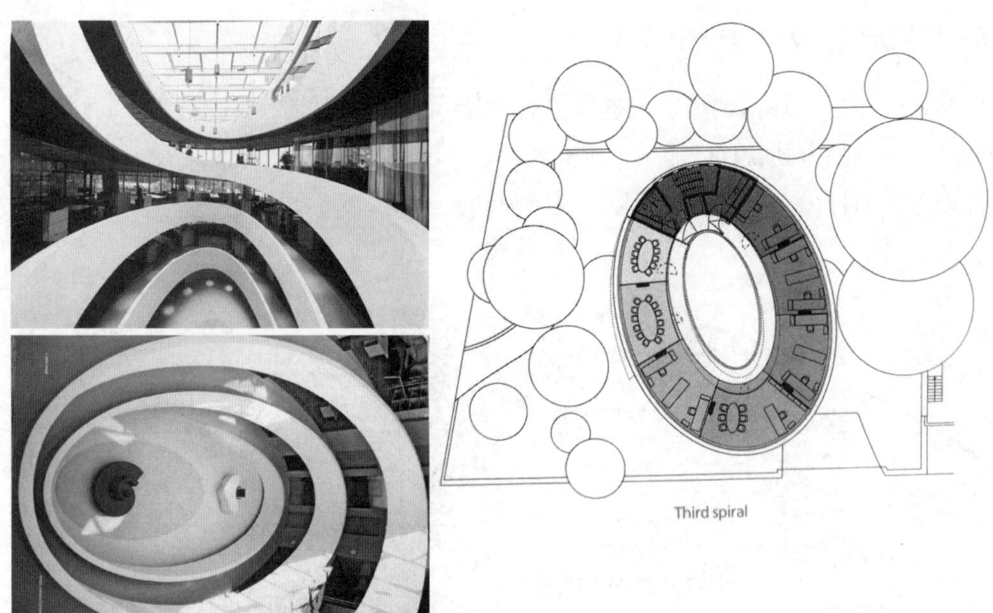

图2-3-26　国外某实验楼

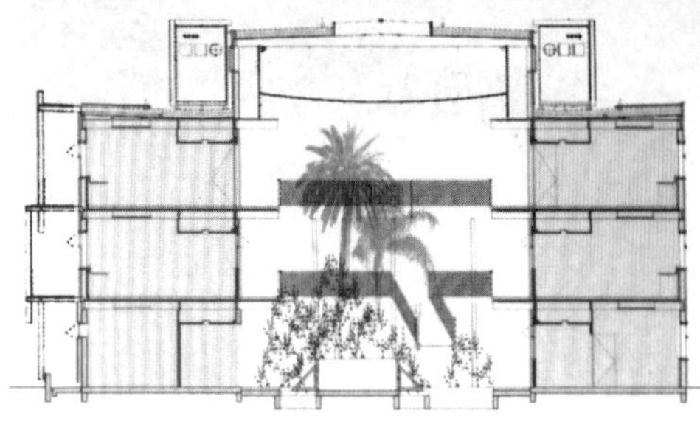

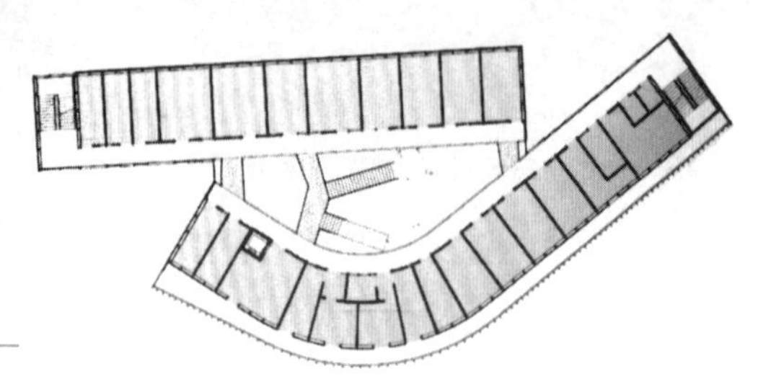

图2-3-27　国外某办公楼

（a）内景

（b）外景

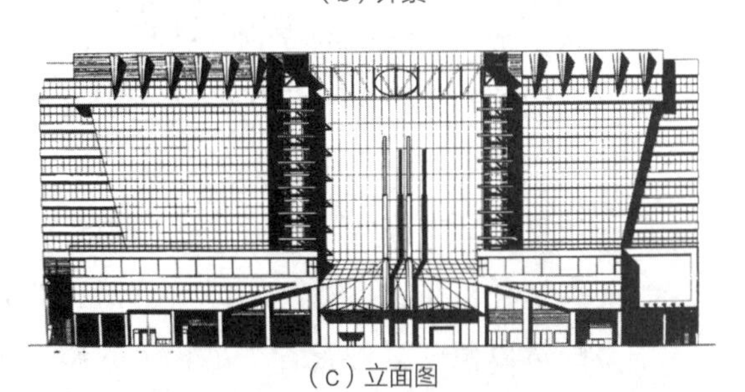

（c）立面图

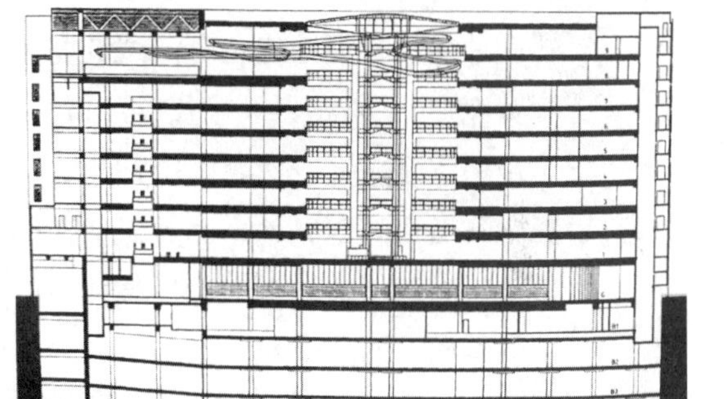

（d）剖面图

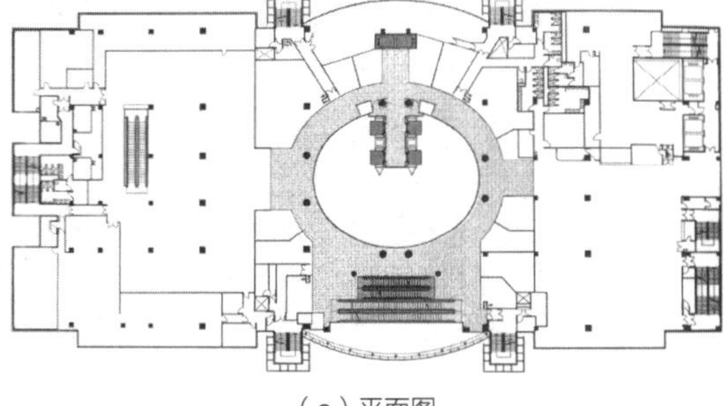

（e）平面图

图2-3-28　西九龙中心（中国 香港）

2.4 中庭的流线分析

人们在不同空间的行为活动中，一种是无明确目标的闲适、散漫行为活动，一种是在空间的转换中尽快到达目的地。因此，分析空间的内在秩序与组织以及空间要素的构成逻辑必然与人们的不同行为活动紧密相关，科学地组织与引导，使空间的合理安排与人们行为相协调，这是公共建筑中庭（又称动线）设计的肇始。

中庭的流线除了在平面上的水平交通、通廊宽度、垂直交通布置以及安全疏散口之外，必须结合空间上流线组织使之导向明确、空间有序，从而得到最佳的运行效率。

中庭空间具有公共性、扩展性、开放性的环境特点，所处的位置、形状、数量所构成的序列、转折、明暗、方向应具有较强的指示性、明晰性，从而达到便捷性、目的性、连续性的要求。

在商业中庭中人们的行为活动，虽然有单一顾客的随意性，也有众多、成群的顾客流线，就有一定的轨迹或规律可循，流线的布置对购物中心的业态选择与布置、商铺的经营价值和商业业态单元功能的发挥、客流的聚集与疏散以及安全均有着举足轻重的作用。

在大型购物中心的平面流线还可根据不同规模区分为主动线、次动线与辅助动线，合理地确定各流线的宽度、长度、总长度等，一般中庭的一侧通廊宽度在2.4～3.6米。当长度超过3～4柱跨时，则设置天桥（约25～36米），天桥的宽度应大于通廊，以利于人流双向流动。多个串联的中庭，应处理好通廊与天桥的交界处。同时保证在同一层面上的各个商业业态不仅得到良好展示，而且使消费者能方便到达。

对称布局的中庭、轴线起着显著的导向作用，再通过主楼梯、自动扶梯的布置使之目的更加明确，突出了较强的礼仪性与庄重感。十字交叉、斜交、弧形的各种轴线关系也应有主次之分，有不同方向感。

2.4.1 流线类型

各类公共建筑中庭的流线一般可归纳为下列四种。

1. 直线型（图2-4-1～图2-4-5）

直线型一般在中庭一侧布置挑廊和垂直交通，中庭多呈长条形，单一线型的布置有较强的空间秩序感与导向性，在文化博览、教育、医疗建筑中采用较多。

人流频繁、流动性强的博览建筑，线型的布置适宜在短时间内大量人流的“走马观花”的参观方式。

（a）立面图

（b）内景

（c）立面图

图2-4-1　某步行街（加拿大）

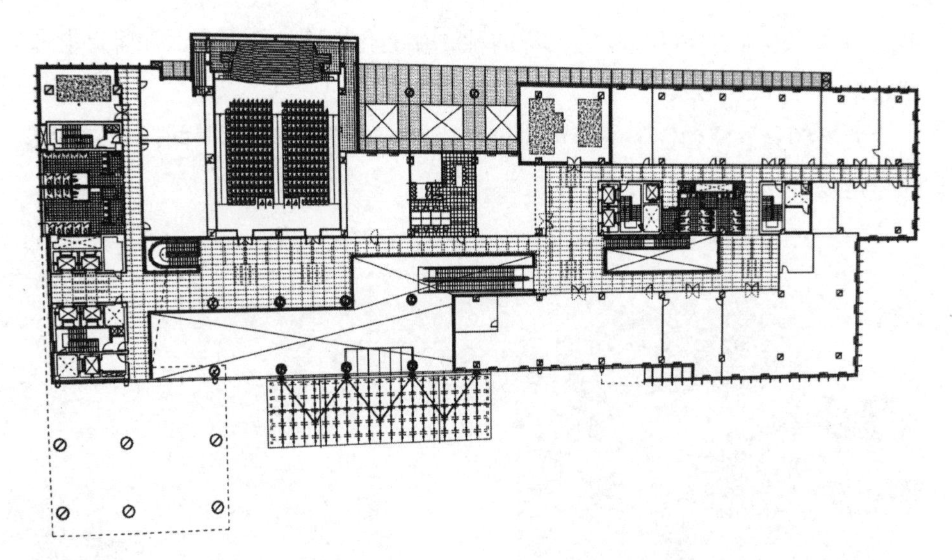

图2-4-2　直线型示例1

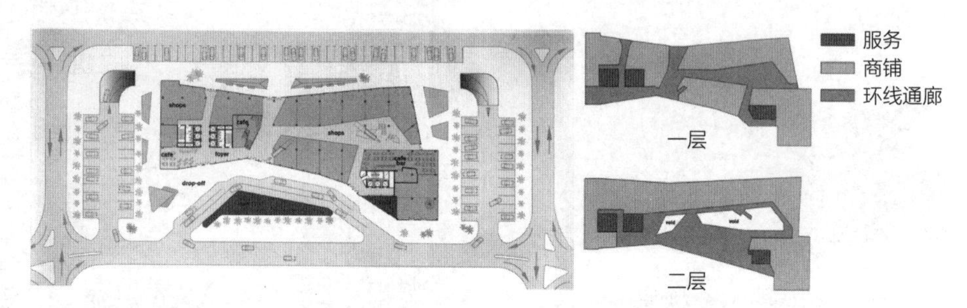

图2-4-3　直线型示例2

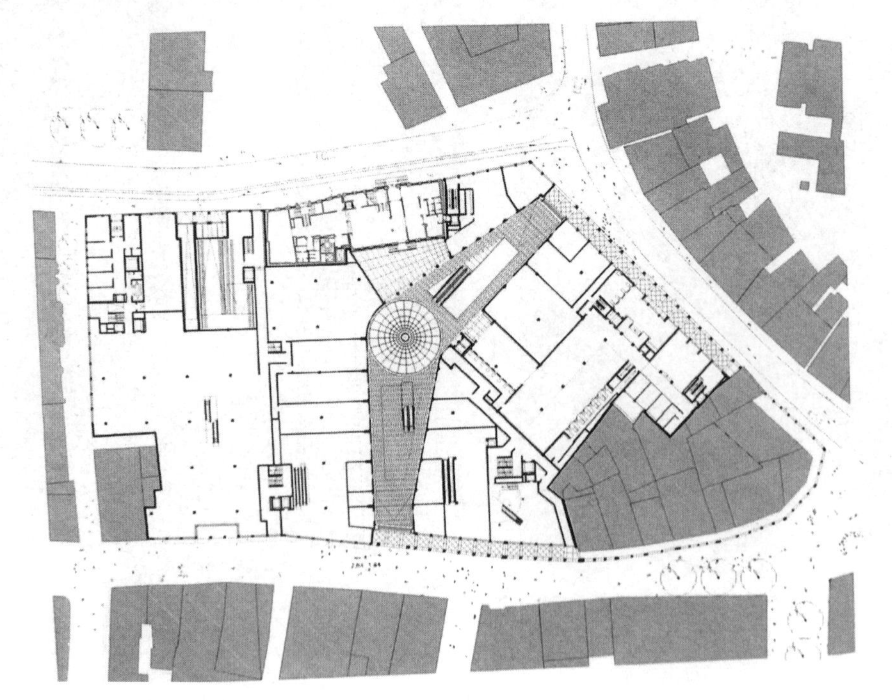

图2-4-4　直线型示例3

图2-4-5　香港城市大学学术大楼（中国 香港）

香港城市大学位于九龙塘，学术大楼在1992年建成，受多种条件的制约，建筑群以多层为主的各种功能用房连贯成整体，相串联的各个中庭周边为学术报告厅、阶梯教室等。

2．环线型（图2-4-6 ~图2-4-9）

环线型流线以“口”字形、圆形、网格型为主，建筑的中庭围绕单一、多个串联中庭的大型公建，激发人们的购、逛、娱、饮等行为，避免走尽头路，有较好的回旋性。

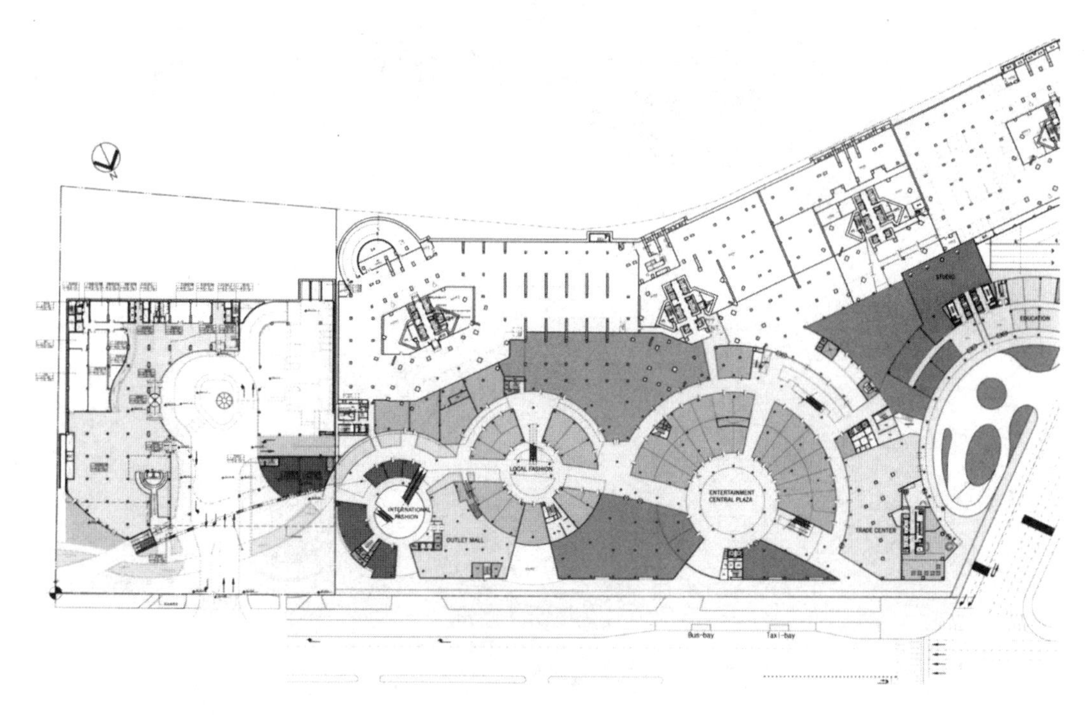

图2-4-6　环线型示例1

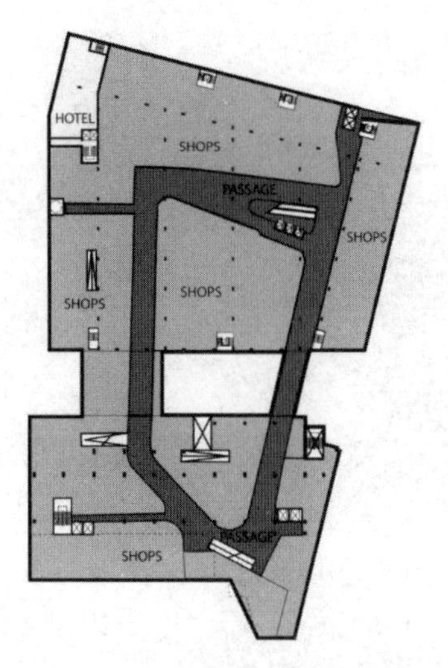

图2-4-7　环线型示例2

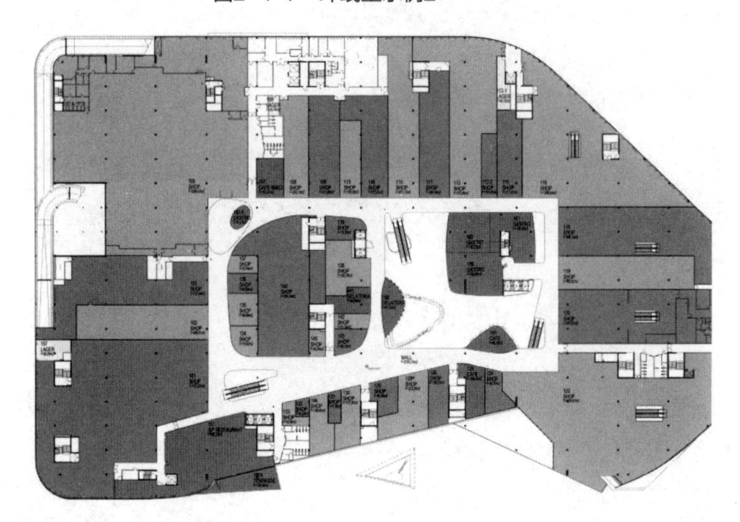

图2-4-8　环线型示例3

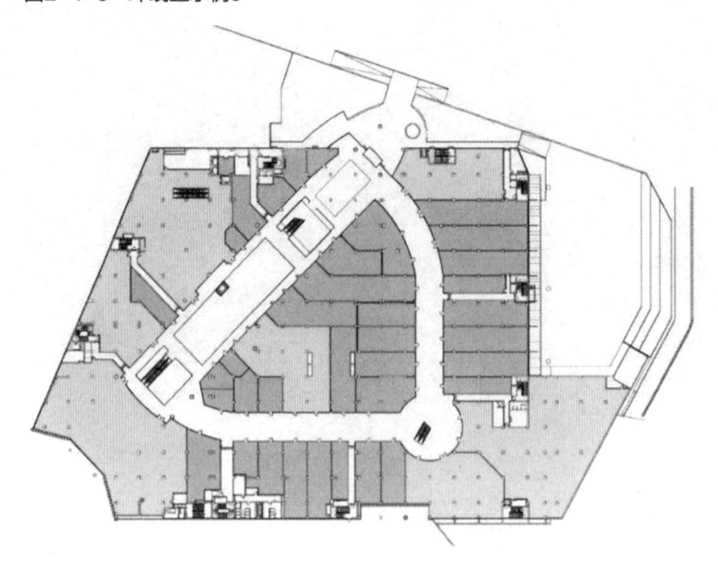

图2-4-9　环线型示例4

3．放射型（图2-4-10～图2-4-12）

放射型流线为由中庭向不同方向伸展，在单元组合的中庭往往形成尽端式布局。

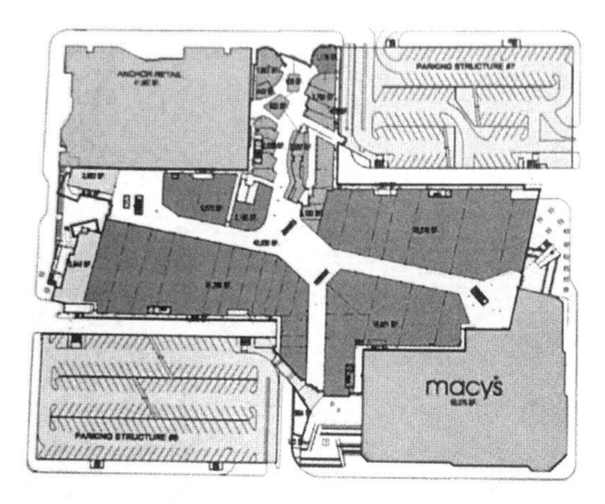

图2-4-10　杭州万象城（中国 杭州）

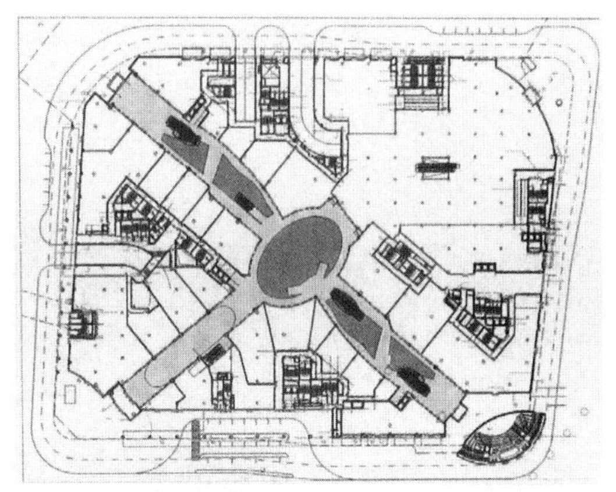

图2-4-11　宏伊国际广场（中国 上海）

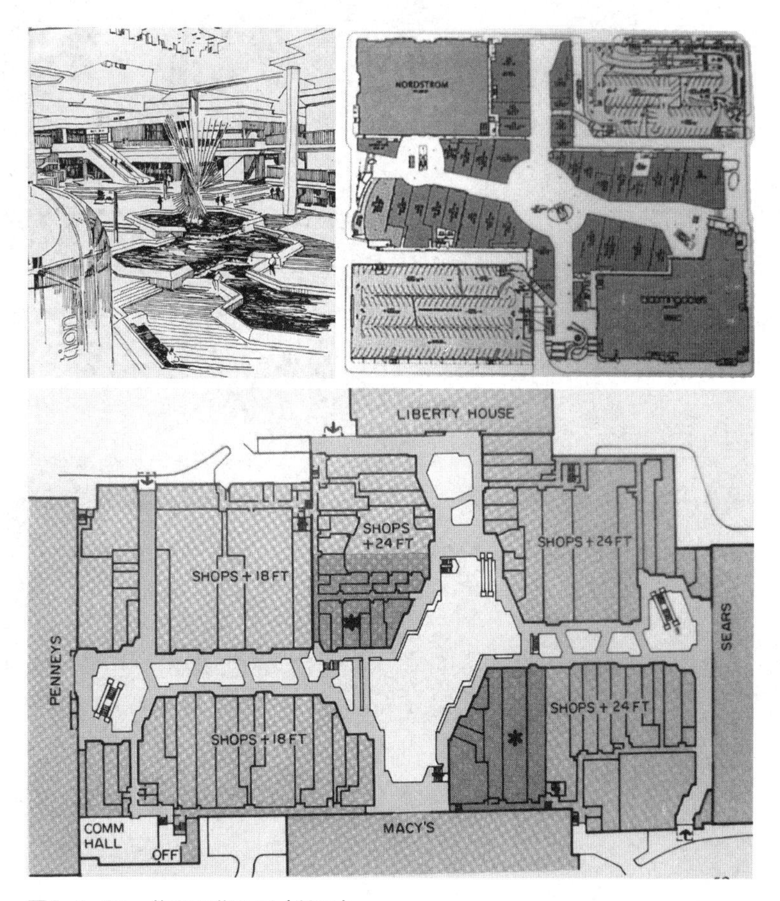

图2-4-12　梅西百货公司（美国）

4．复合型（图2-4-13）

在大型展销、博览建筑中，多种流线类型常常组合布置，由多种流线的结合布置，更应该重视其序列的清晰，既要满足各展厅的独立开放，又满足其各自安全疏散的要求。

一旦中庭的位置设定，无疑限定了流线的布局与方向，通过天桥、通廊打破了单一的线性空间，使空间得以连续、转换。

图2-4-13　正大乐城（中国 上海）

从街区东北、西北、西南入口可进入2000平方米的四方广场，覆盖了“枝丫”状柱网支撑的方格“云顶”的街道，从一定意义上说，是一个半开敞的中庭，是商业街区的心脏。

商业街区采取围合布局，通过连廊、中心广场、平台以及适宜的建筑体量，构成一组空间序列识别清晰、连廊穿插、收放有趣的步行环境，组织了三条各富业态特色的回游路径，延长了顾客的逗留时间。

正大乐城的商业业态布局包括餐饮、零售、书店、娱乐以及一个2000座的电影院。商业面积达5.5万平方米，可出租面积为3.8万平方米，租用率达70%。其他技术指标：基地面积为3.39公顷，总建筑面积为19.72万平方米，绿地率2.5%。

（a）内景

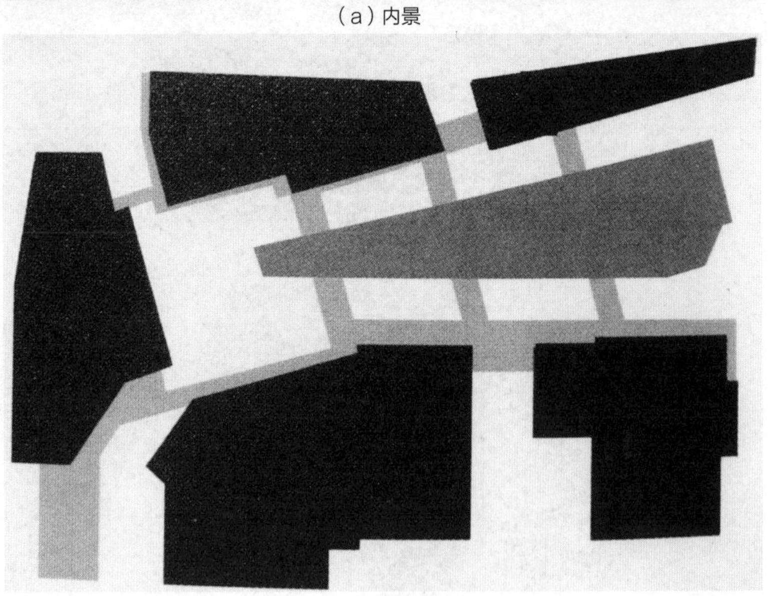

（b）分析图

2.4.2　通廊与天桥

1．通廊（图2-4-14～图2-4-21）

商业建筑中在两侧布置商铺的中间走廊，通常称作通廊。在中庭上层的通廊，一般采取回廊的形式，以单向延伸为主。

购物中心（商场）在两侧布置商店的中间走廊，一般在底层，通常称作通廊，根据其规模、定位、人流情况确定其宽度，通廊的宽度与商场的档次有关，可达到8米以上。在中庭的上层，一般以回廊的形式，单向延伸为主。

虽然中庭的形状不同，但一般通廊的长度不会少于100米，串联组合

图2-4-14　通廊示例1

图2-4-15　通廊示例2

图2-4-16　通廊示例3

图2-4-17　通廊示例4

图2-4-18　通廊示例5

图2-4-19　通廊示例6

图2-4-20　通廊示例7

图2-4-21　通廊示例8

式、放射式等通廊长度可达300～450米，地段狭长的购物中心通廊可达1000米以上，其回转度急剧下降，导致顾客难以游览全程，中途折返，降低了消费者继续参观的动力，缺乏新鲜感，失缺位置感。据经验测定，人们在步行90分钟左右会感到疲乏。因此，适当布置通廊节点（如扩大宽度、过厅形态以及自动扶梯、天桥等）以增加环游乐趣，提高商铺浏览率。我国已步入老年化社会，为老年人提供休息场所就显得更有必要。通廊与自动扶梯及天桥连接的节点要妥善处理。

中庭底层，可设置铺位或临时展位划分出两侧通廊或节庆装置等，通廊宽度宜宽敞以适应底层人流的通行。

由于各层业态的不同，品牌、铺面的封闭与开敞、商铺商号等不同，通廊均应根据商场定位、规模而适当调整。

通廊的地面铺设、天花吊顶灯具等处理一般宜简不宜繁，一则以突出铺面，一则以显示各种导向性、安全性的指示与标志。

2．天桥（图2-4-22～图2-4-30）

连接中庭两侧通廊的天桥，视中庭的长度布置。它不仅加强了两侧的联系，完善了水平交通体系，而且划分与丰富了中庭的空间，还可以调整空间的比例与尺度，成为中庭空间的一处节点。结合中庭的形态，天桥与通廊的布置有直角相交、斜交或弧线形相交等不同形式，注意相交处的节点应顺畅、自然，可以适当运用挑台或加宽节点。天桥宽度一般在4～6米，宽度较大时可设置休闲、茶座、展位等。

总之，流线设计可归结为下列各点：

（1）贯通：中庭的通廊单侧或双侧通过天桥，以及垂直交通组织的网络保持贯通，避免原道返回的尽头路，俗称“走进死胡同”。因此必须做到流线通畅，脉络清晰。

（2）连续：多个不同形式的中庭串联与组合可打破形态的单一感，又要保持其空间的连续性。

（3）收放：在通廊与天桥，安全疏散口、垂直交通的平台联系处，注意空间的收放，适应人流集聚及疏散的不同情况。

图2-4-22　天桥示例1

图2-4-23　天桥示例2

图2-4-24　天桥示例3

图2-4-25　天桥示例4

图2-4-26　天桥示例5

图2-4-27　天桥示例6

图2-4-28　天桥示例7

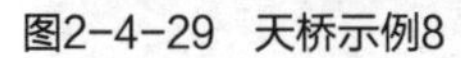

图2-4-29　天桥示例8

图2-4-30　天桥示例9

（4）层次：在多、高层的中庭空间层次采取悬挑、穿插、错层等丰富中庭的界面。在设有主力店时，使流线顺势连接，标识醒目。

（5）安全：在注意、研究上述方面时，必须使人们在中庭达到平时与紧急状态下安全、通畅的目的：使人能方便识别所处的位置以及主要功能空间的关系（如办公、客房、商铺……）；保证最大人流到达安全疏散出入口，具有清晰的标识与宽畅的道路。后文将在第5章安全疏散各节中进一步阐述。

2.5　中庭的尺度

尺度的概念是人们通过自身与建筑常见构件（如栏杆、踏步、门窗、细部及整体建筑立面）的对比，从而感知空间或建筑物的大小。

从西方古典教堂的高耸向上、纵向幽深与斑斓深沉的氛围到现代中庭（或厅堂）的光彩夺目、霓虹流觞的五彩场景，这些巨大的内部空间所给予的不同精神与心理感染的尺度感或宏伟庄重、或亲切浪漫，形成鲜明的对比。

如传统园林尺度通过对建筑、山、石、小品等处理手法，如“丈山、尺树、寸马、分人”的把握达到“以小见大”的效果。

中庭的尺度通过层数、长宽与中庭各种构件的布局、比例使人们感到大而不旷、小而不紧，能恰如其分地反映设计的空间氛围。

中庭的尺度虽无定论，但应从基本的三维方向，即中庭的宽度、长度、高度（层数），其取决的因素如建筑规模、中庭的垂直交通布置、景观要素配置、消防安全，以及造价控制等进行综合分析，进行反复调整安排。

从中庭的形态、水平方向可分为长轴与短轴两种。在长轴方向超过一定长度时要设置天桥使两侧挑廊便于联系、疏散等，形成相互贯通的环形路线。从垂直方向，一般商业中庭在中等规模商场3～4层，大型商场可高达10层左右，形成了超人尺度的中庭。

习以为常所感知的建筑构件之间或与人相对的比例关系的改变必然引起尺度的误解，但又往往对人的视觉产生巨大的冲击。

比例相同，但尺度不同，则无法感受建筑的原有尺度。

有关中庭尺度的选例如图2-5-1～图2-5-4所示。

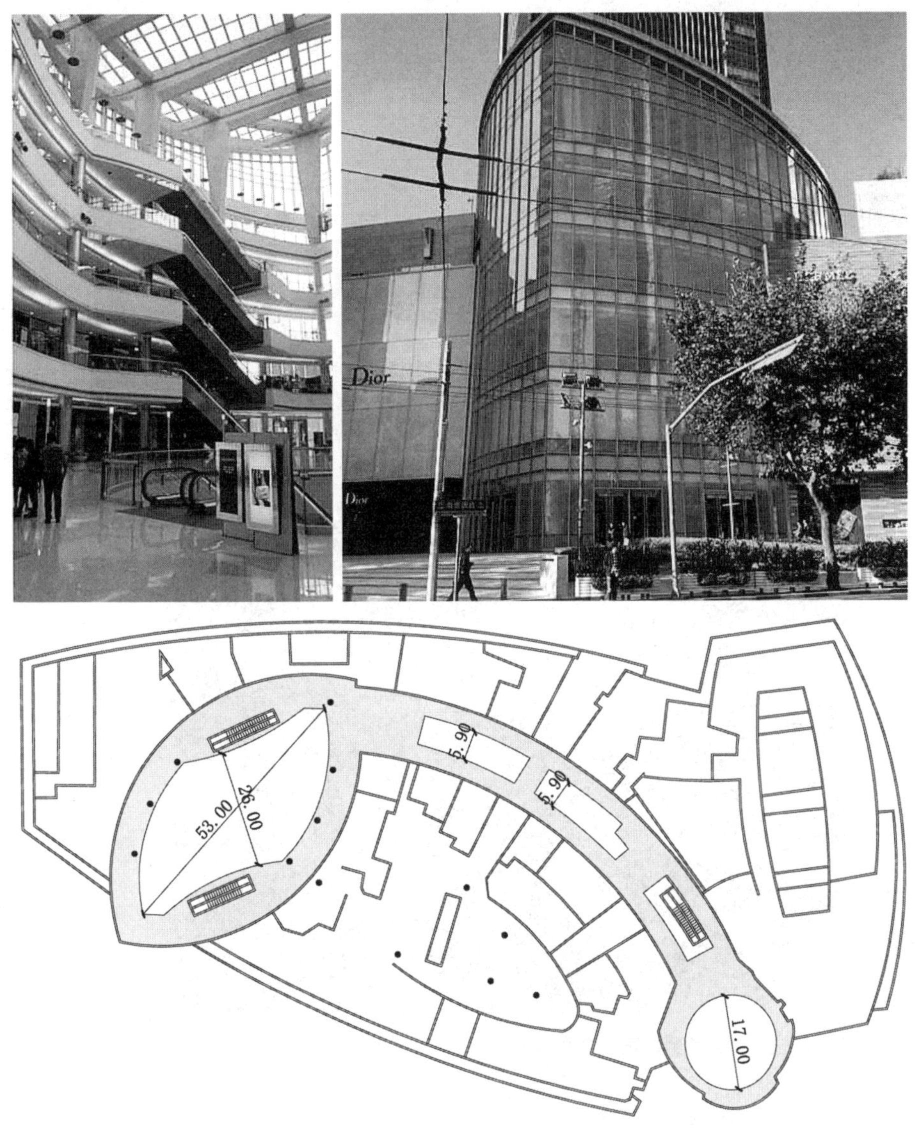

图2-5-1　上海恒隆广场

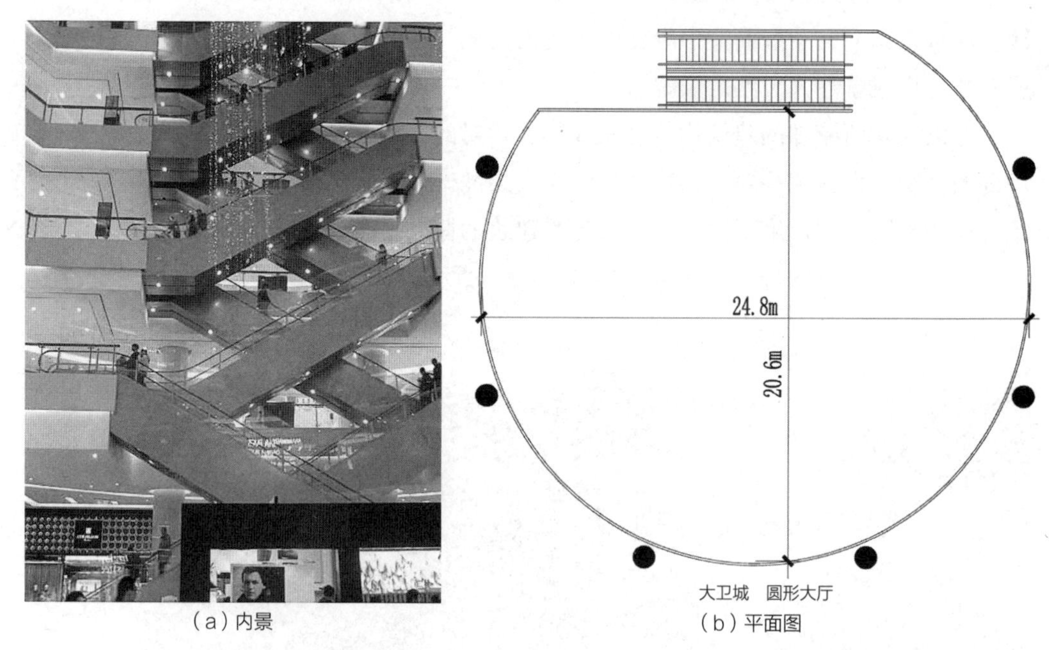

（a）内景　　（b）平面图

图2-5-2　郑州丹尼斯大卫城（中国 郑州）

图2-5-3　港汇恒隆广场（中国 上海）

（a）中庭

（b）外景

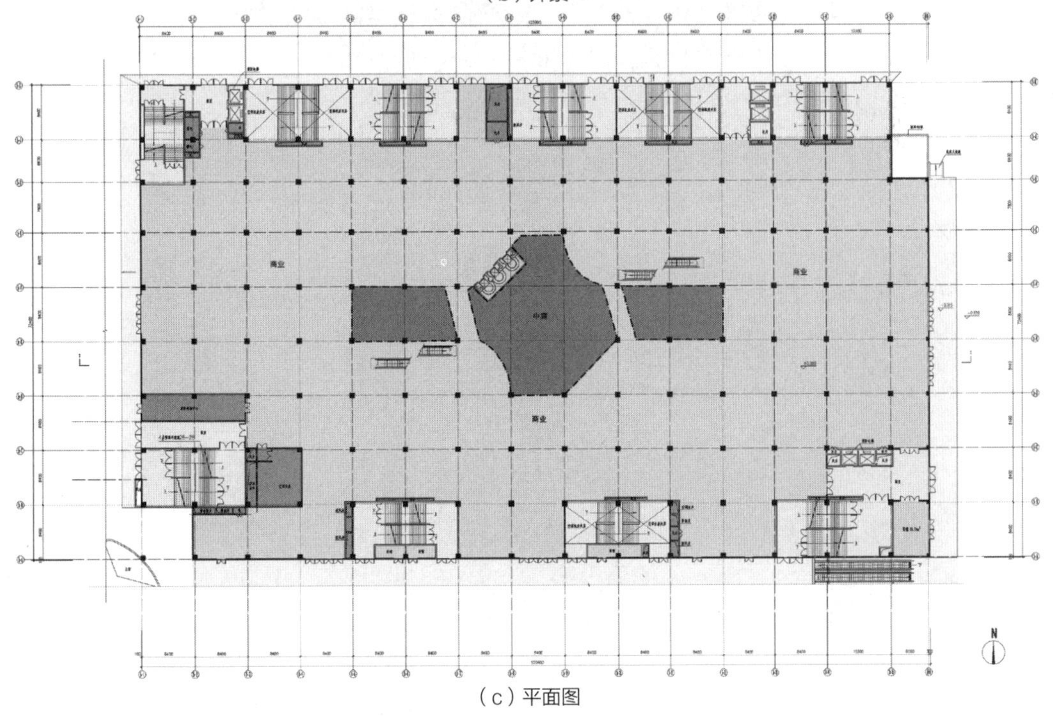

（c）平面图

图2-5-4　大商·新玛特购物中心（中国 郑州）

2.5.1 中庭的宽度

中庭的宽度可参照下列因素：

（1）柱距8～10米的3～4跨中庭，其宽度约24～40米。

（2）在中庭布置垂直交通系统的不同方式，除其位置、方向势必影响其宽度外，还应综合考虑流线、导向的多种辅助方式如标识、地面标高差别、灯光色彩引导等以适应顾客的安全视觉环境。

（3）人们在中庭中的行为活动，除主要是观赏总体视觉效果外，更应该在通常视力、视距下看清远处的标志，如铺面的店牌、悬挂的装饰、广告以及宣传品等，使人们在悠闲的漫步或休憩的不断变换信息中获得充分的认知与联系。

2.5.2 中庭的高度

中庭的高度即中庭安排的层数，一般商业中庭在4～5层的高度（每层4.8～6米）则总高度在24～30米，设计中应考虑不同建筑高度在设计中的制约，如购物中心的区位、业态分布、中庭尺度等（上海新世界商场的中庭高达10层）。

此外，在办公、旅游类的高层建筑中的中庭虽受制于消防安全的措施要求，但在城市规划条件许可下，业主的竞相攀高、炫耀技术与财富条件理念的支撑下，中庭竟然可达20～30层之高，如上海金茂大厦设置了共30余层的旅馆客房中庭。

3

中庭的空间形态

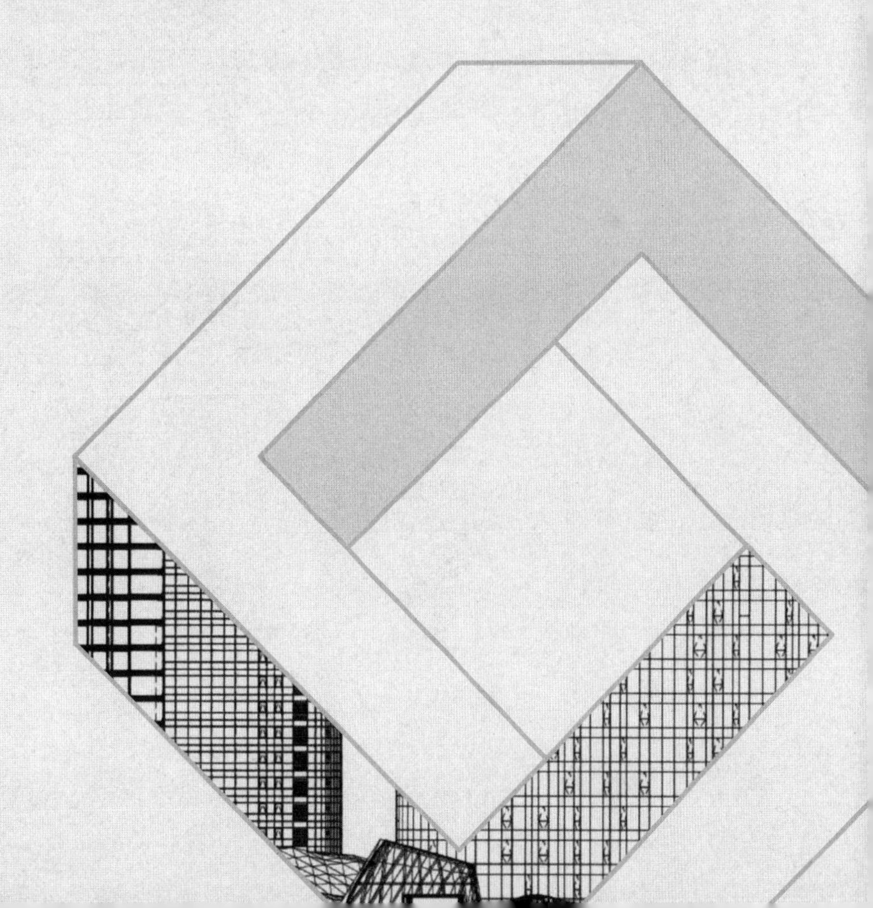

3.1 空间形态

从20世纪初至今的百余年现代建筑的发展史，可以说是“建筑空间的发展史”，再延伸一些可以说是一部建筑内部空间与外部空间的发展史。在学习建筑设计的“建筑初步”或“建筑概论”的教材中，开宗明义地指出“建筑是人类生活、生产所创造的人为空间”。不少建筑理论家对“建筑——空间的主角”展开研究与阐述，追溯到千余年前老子所言：“埏埴以为器，当其无，有器之用。凿户牖以为室，当其无，有室之用。是故有之以为利，无之以为器。”已成为建筑空间理论的经典名言。

一般而言，建筑内部空间三要素，即地面、墙面及顶面（天棚）。由于类型、功能、规模及组合的不同，结合技术、设备、设施及材料的发展与要求，加之中庭内部空间诸多手法的创造，现代中庭空间形态的创新成为当代建筑空间发展的缩影与时代特色。

分析研究不同类型建筑中庭设计创作的物质与精神层面、构思、方法，可以从多角度、多方位吸收优秀创作的构思与创意，提高创作水平。

（1）在视觉方面：

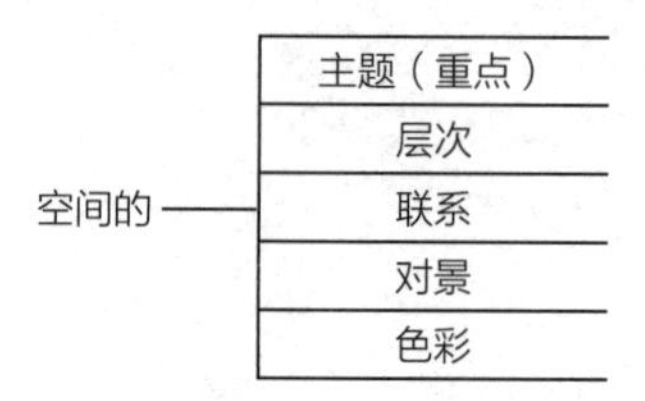

（2）在行为方面：

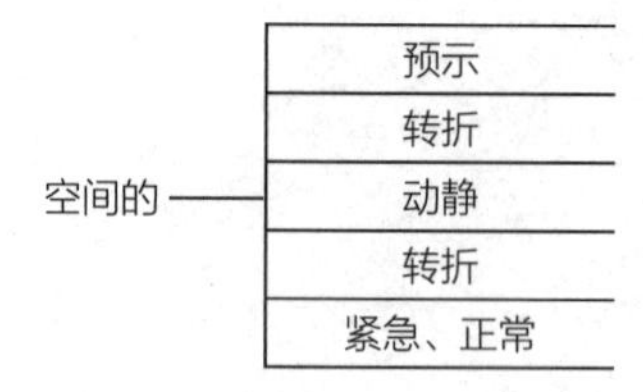

（3）在文化方面：

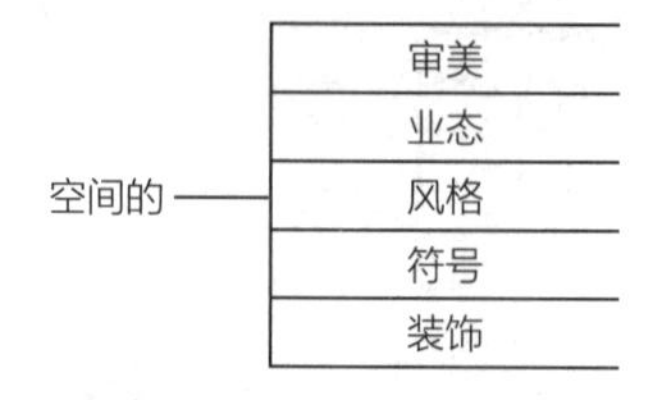

3.2 空间形态构成

公共建筑的创作虽然规模、类型、功能等客观条件不同，但从某种意义上说，建筑创作立足于空间的创新，作为建筑空间内部形态的创造，现代建筑经历了百余年的发展，多样形态的创新为设计提供了独特的、创意丰富的素材与创作的借鉴。

在建筑内部空间形态上，无论是高耸、雄伟、庄重、气势非凡或是精巧、雅致、玲珑、别出心裁，有的甚至把标新立异引向矫揉、造作、荒诞、诡异等倾向，为此，立足探讨对建筑本体的认识、建筑空间意识的建立、强化现代建筑内部空间的创新与发展，笔者初步梳理与归纳了下列各种空间形态创作手法：

传统的大堂式单一的空间是早期大型公建的基本模式，由于跨度原因，内部增加了单排、双排柱网，随着结构技术、材料的发展，厅堂尺度已不受结构形式的制约。如20世纪早、中期的经典性作品密斯凡·德·罗设计的伊利诺伊理工学院建筑系馆、柏林美术馆，以及贝聿铭设计的香山饭店四季厅……这种形式的厅堂空间宽敞，无视线阻碍，但需把握好如尺度、界面以及室内细节的处理与设计。

1．厅堂式（图3-2-1～图3-2-8）

大型公建多层、高大的中庭所具有的象征性或纪念性是不言而喻的。但高大、巨大不等于伟大，因此在空间尺度的细节把握处理上，充分表达中庭空间的魅力是建筑设计功力的重要表现方面，此外，采取节能措施、消防疏散安全也是设计的重点。

2．上升与下沉（图3-2-9～图3-2-17）

在面积宽敞的中庭因功能使用的要求，采用局部上升或下沉的方式进行划分，如旅馆商场中庭的平台常采用这一手法作为休闲、茶座、会客空间，同样通过局部吊顶的升降，如设服务台、表演舞台等，使空间富于层次感。

3．柱廊与挑廊（图3-2-18～图3-2-27）

多层以至高层中庭的单侧、双侧或周边通廊的中庭空间是常见的一种布局手法，在平面上的形式多样，通廊的长度不一，但通廊以垂直面上下一致而显得过于整齐划一。因此，通过回廊收进、挑出宽度不同而形成平台、退台等不同剖面，从而丰富内部空间。

（b）外景

（a）内景　　（c）平面图

图3-2-1　肯尼迪图书馆（美国 波士顿）

高耸的方形中庭被插入三角形单元，底层的架空使中庭空间增加了层次。透过玻璃幕墙眺望海面，气象非凡，整体布局以几何形相互呼应，外部造型体块组合简洁明快，构思精巧。

图3-2-2　海牙市政厅及中心图书馆（荷兰 海牙）

图3-2-3　浙江美术馆（中国 杭州）

（a）外景图

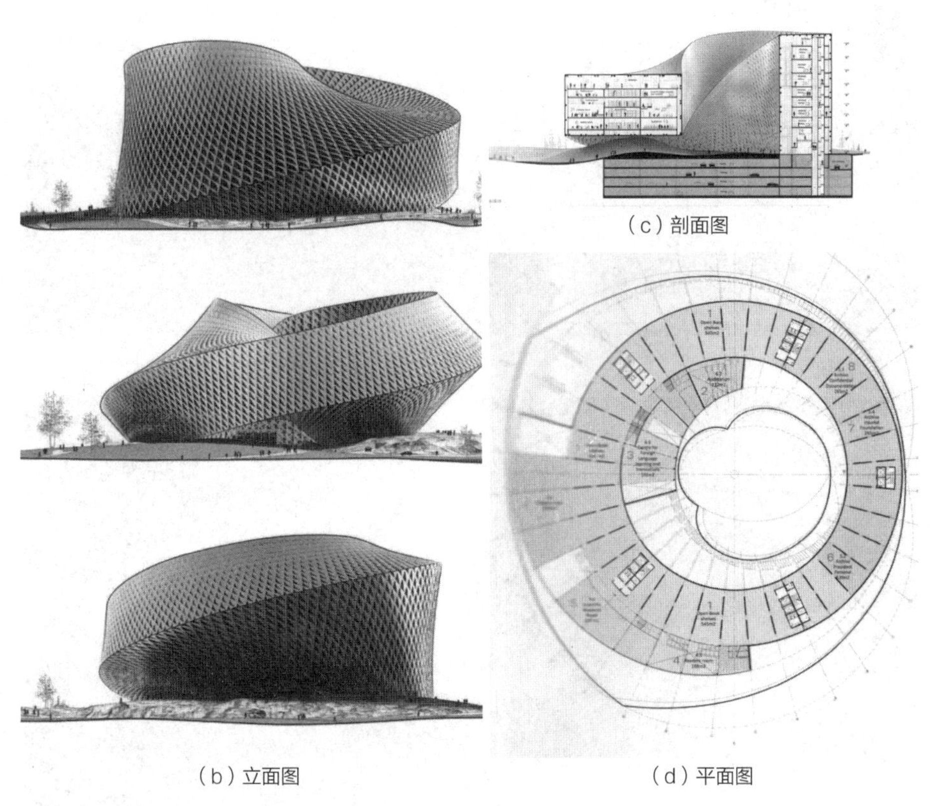

（b）立面图

（c）剖面图

（d）平面图

图3-2-4　哈萨克斯坦国家图书馆（哈萨克斯坦 阿斯塔纳）

（a）外景

（b）内景

（c）中庭

图3-2-5　安阳市图书馆博物馆综和大楼（中国 安阳）

图3-2-6　厅堂式示例1

图3-2-7　厅堂式示例2

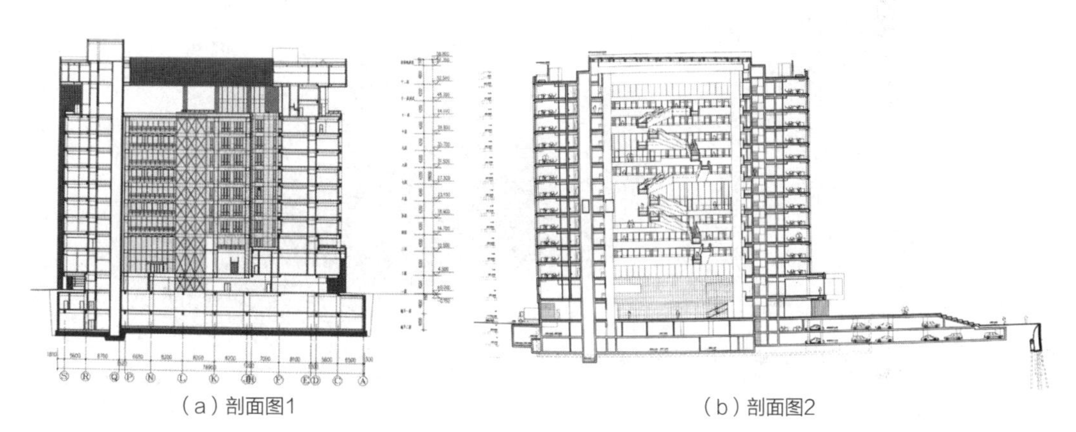

（a）剖面图1

（b）剖面图2

图3-2-8　德国《明镜》周刊总部大楼（德国　汉堡）

图3-2-9　鄂尔多斯美术馆（中国　鄂尔多斯）

图3-2-10　巴黎音乐城（法国　巴黎）

图3-2-11　国外某学校

图3-2-12　国外某幼儿园

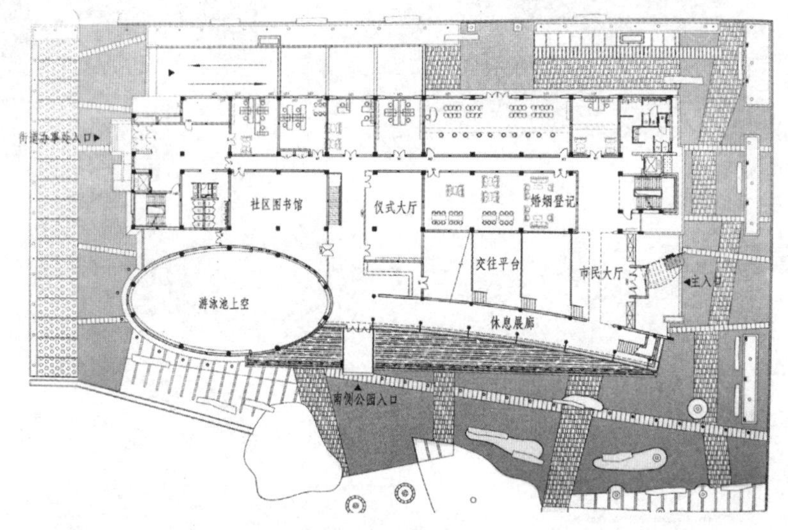

图3-2-13　海淀社区中心首层平面（中国 北京）

图3-2-14　马拉达伦大学图书馆（瑞典 斯德哥尔摩）

图3-2-15　某学校中庭

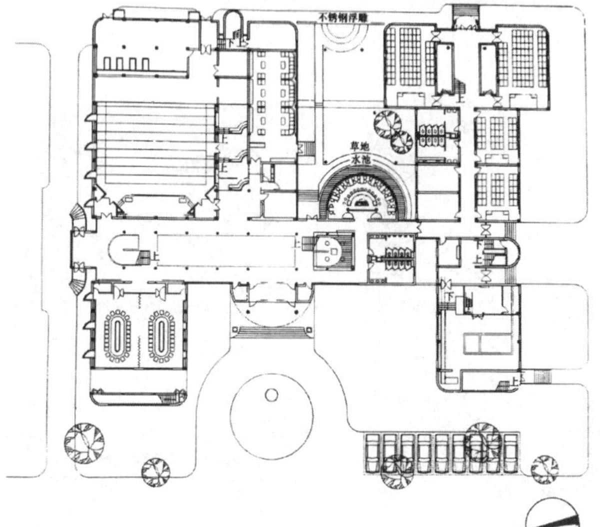

一层平面

图3-2-16　同济大学逸夫楼

同济大学逸夫楼在功能上分学术会议接待和教学两个部分。学术会议部分有两个中庭，其中一个中庭采用台阶式，供休息、接待、展览之用，室内灵活而富变化，外观色彩清雅、形象新颖。

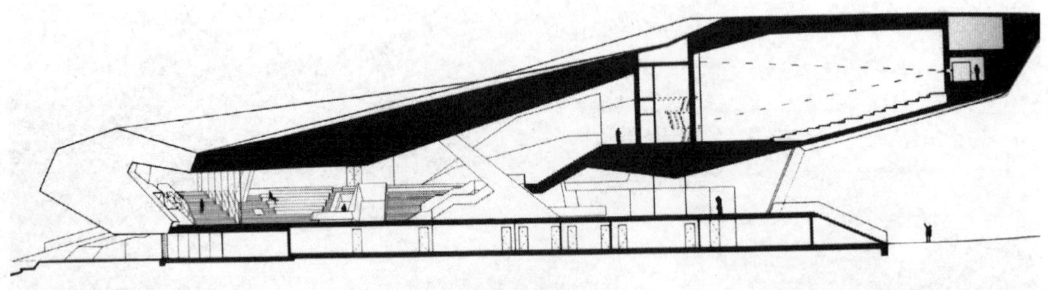

（a）剖面图

（b）外景

（c）内景1

（d）内景2

图3-2-17　丹麦某视觉艺术学院

图3-2-18　示例1

图3-2-19　日本软件中心

图3-2-20　示例2

图3-2-21　示例3

图3-2-22　示例4

图3-2-23　大都会博物馆（美国 纽约）

图3-2-24　示例5

图3-2-25　示例6

图3-2-26　示例7

图3-2-27　示例8

4．挑台与退台（图3-2-28～图3-2-42）

在跨度较大的中庭，利用退台的手法以及中庭周边的轮廓处理，在不同层面上有所变化，避免了划一、单调的布局。

图3-2-28　示例1

图3-2-29　示例2

图3-2-30　示例3

图3-2-31　深圳图书馆

图3-2-32　示例4

图3-2-33　示例5

图3-2-34　示例6

图3-2-35　示例7

图3-2-36　示例8

图3-2-37　退台与挑台

图3-2-38　示例9

图3-2-39　示例10

图3-2-40　罗恩酒店（克罗地亚）

图3-2-41　示例11

图3-2-42　大峡谷购物中心（土耳其 伊斯坦布尔）

5. 穿插与切割（图3-2-43～图3-2-49）

在中庭空间，通过自动扶梯、通廊、天桥进行穿插布置，在各层间穿插的圆锥形、圆柱形玻璃筒，从屋面天窗的光线照射通向各层，改善了各层的自然采光，节约了能源，加强了各层间的视觉联系，改变了空间的尺度与静态观瞻。

图3-2-43　德黑兰证券交易所（伊朗　德黑兰）

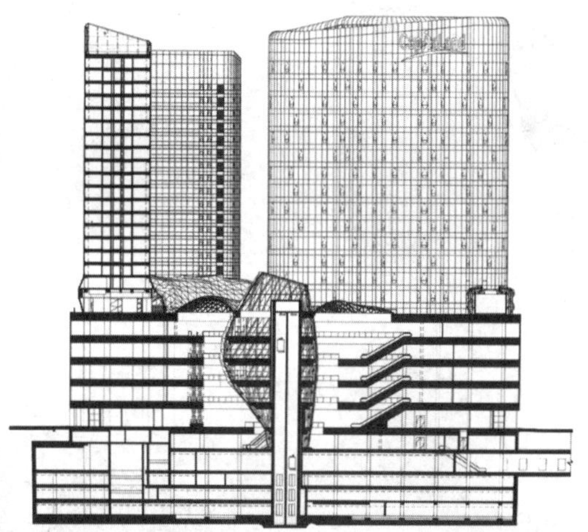

图3-2-44　示例1

图3-2-45　北京来福士中心（中国　北京）

图3-2-46　示例2

（a）内景1

（b）内景2

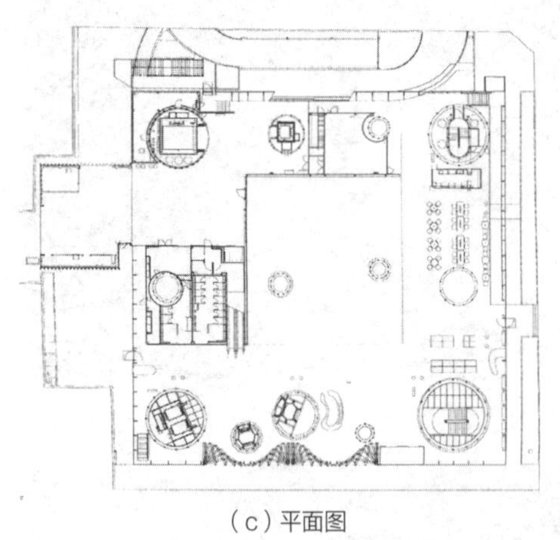

（c）平面图

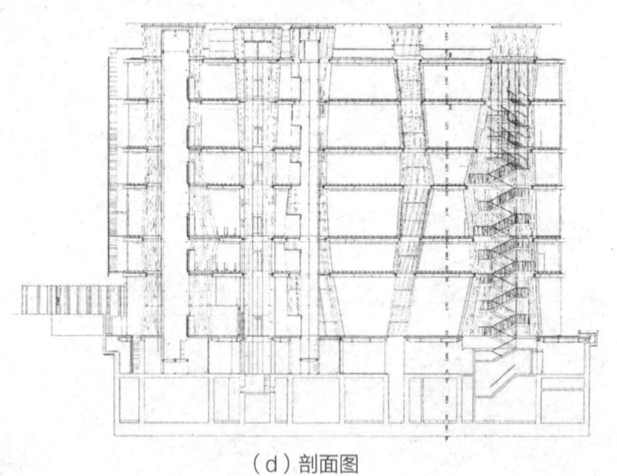

（d）剖面图

图3-2-47　丹麦皇家图书馆（丹麦 哥本哈根）

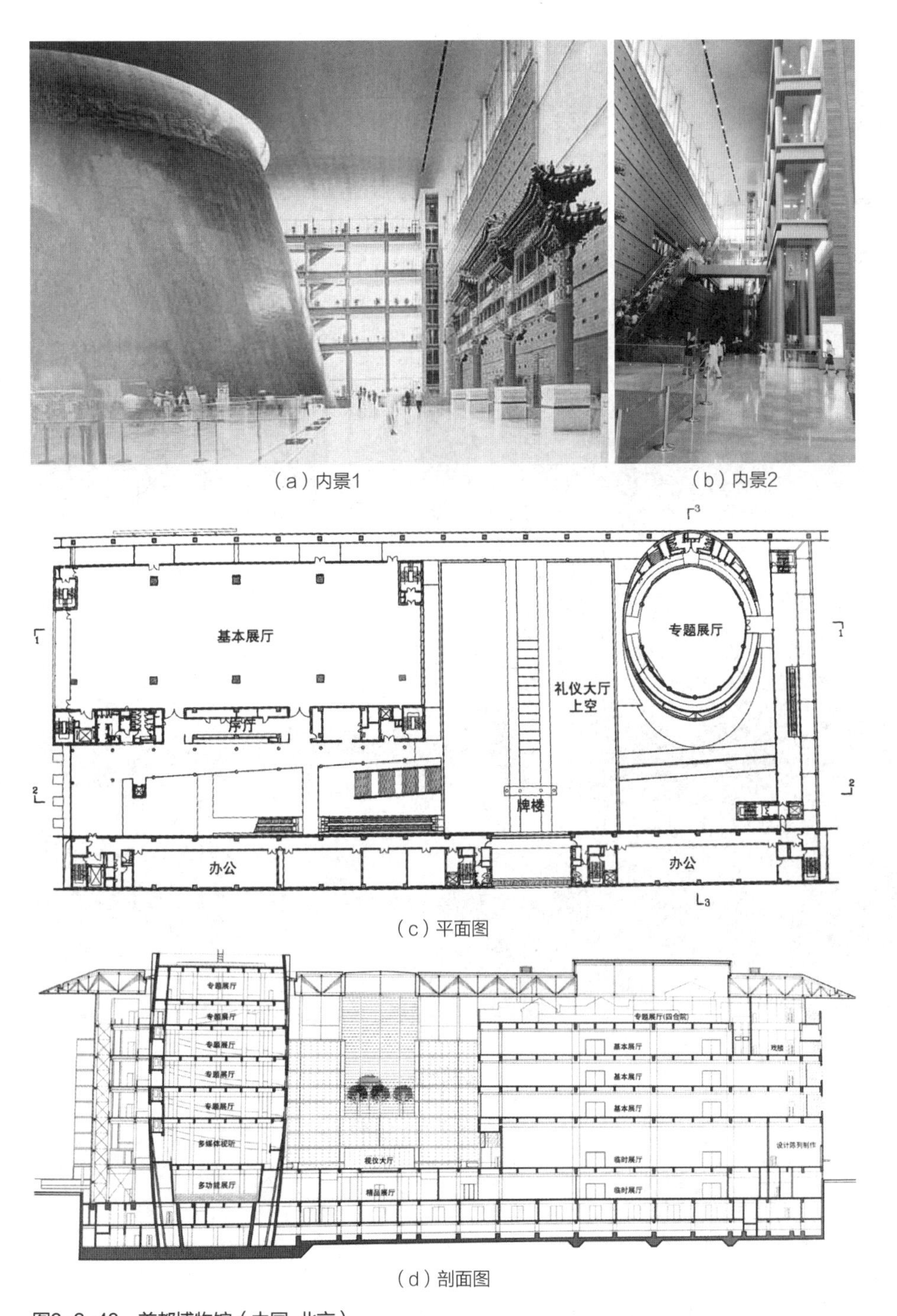

（a）内景1

（b）内景2

（c）平面图

（d）剖面图

图3-2-48　首都博物馆（中国 北京）

图3-2-49 北京天文馆（中国 北京）

上述要素穿插的方式如交错、斜向、跨层、跨庭等，尤其给垂直交通的布置带来多种处理方式，活跃与拓展了穿插在空间中的作用。

6．母子空间（图3-2-50～图3-2-60）

当人们在大尺度空间活动中充分体验其群众性、社会性、公共性时，当人们在活动中获得某种安全、稳定、半私密领域感的要求时，高、大、空旷的空间，难免削弱了这种感觉，因此母子空间或大空间中的小空间就适应了功能、心理的需要。这些小空间可作为相对独立的部分，划分为临时展示、休闲茶座等。它不仅是大空间的填充，更是起着空间尺度对照、装饰、点缀以至点睛的作用。在中庭空间中运用建筑多种元素如亭、廊、帐幕，起到空间划分、调整尺度、组织景观、体现风格的作用，在中庭的空间中使用某些手法如矮墙、栏杆的分隔以至色彩图案的划分不同、几步台阶的上升或下沉，或局部吊顶的提高或下降，界定了不同活动区域，既给视觉以一定的识别，达到一定的功能分区目的。

图3-2-50　示例1

图3-2-51　某酒店大堂中心

图3-2-52　某酒店

图3-2-53 示例2

图3-2-54 示例3

图3-2-55 某研究所

图3-2-56 郑州图书馆（中国 郑州）

图3-2-57　某办公楼

图3-2-58　某图书馆

图3-2-59　雁栖湖度假村

图3-2-60　花水湾名人度假酒店（中国 成都）

3.3　界面处理

3.3.1　界面处理特点

中庭的界面与各层走廊的组合是空间的基本特点，通过平面形状的选择、界面与垂直交通的处理、空间剖面的安排，形成异彩纷呈的现代中庭空间风貌。

不同类型的建筑中庭功能特点、空间布局以及人的行为活动影响着界面的处理：

1．指向性

无论是纵轴、横轴以及轴向的两侧都可视作中庭的界面、终端，由于中庭的廊、通道布置形成中庭所独具的指向性，界面可以是有形的、无形的，或畅通无阻或适当分隔。一般可通过以下手法：

（1）中庭底面不同地坪标高通过台阶、垂直交通自动扶梯的位置、隔断形成指向。

（2）中庭走道（廊道）空间的宽、窄、收、放、挑台，以及吊顶顶面高、低的调节形成指向。

（3）中庭大厅的节日装饰、绿化、小品、色彩、光彩等设计元素创造不同的范围。

2．连续性

在中庭的横轴界面，如商业的铺面、旅馆的客房、行政的办公室，可以是开敞的、封闭的、隔而不断的、或虚或实，但都表现为一定的连续性，中庭的布局为界面设计提供了基础条件。

3．终端

在建筑中庭纵轴的终端，不仅界定着中庭内部空间，而且往往成为视觉聚焦的终点。纵轴的界面取决于基地的环境，如视觉通透的玻璃幕墙而形成观景点，如商业中庭的终端布置主干大型商铺、游乐中心的入口，如以大型悬挂式的装饰实体墙面形成中庭的底景等。

3.3.2 界面处理的方式

在连续活动为主的中庭空间行为方面受制于或诱导中界面或局部围合空间中，界面有着多种多样的处理方式：

（1）通过建筑要素处理：柱子的排列、地平与栏杆、隔断顶面的升降（台阶、吊顶）。

（2）通过光、水面、绿化等自然要素处理光与色的明暗、冷暖变化、水面的调节，运用绿篱花卉、水池、水幕、喷泉等。

（3）通过设置室内陈设：如节日喜庆装点、家具、大型摆设。

一般连续性空间的布置，一则防止界面的阻断，以及人流流线的迂回曲折，二则考虑紧急安全的疏散。

中庭是购、游、娱、饮多功能活动场所，满足人们休闲、社交、健身、儿童游乐以及攀岩等多种需求。不仅是建筑内部空间环境的控制轴线，同时也展示着一个社会的经济繁荣、商品琳琅满目、安居乐业良好风貌的缩影。

3.3.3 界面分析

1．廊面（图3-3-1～图3-3-8）

商业中庭可处理成挑廊与柱廊两种方式，大都为开敞的方式，而其他类型的廊道可采用封闭、半封闭的隔断等。除多层通高柱与分层收进的短柱在栏杆的连续性与断续性所产生不同的视觉感受外，在空间尺度上，柱子的高宽比方面，往往在8～9米的柱距上采用装饰的拱廊、隔片进行划分，调整了柱廊的尺度感。加之，柱子装饰、风格上的选择均会产生不同的效果。此外，柱廊的栏杆、灯饰也成为中庭室内设计的重点。

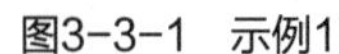

图3-3-1　示例1

图3-3-2　示例2

图3-3-3　示例3

图3-3-4　示例4

图3-3-5　示例5

图3-3-6　埃克塞特大学图书馆（英国）

图3-3-7　北京大学百周年纪念讲堂

图3-3-8　某商业中心

2．顶面（图3-3-9～图3-3-23）

中庭的顶部采用各式透光屋顶（俗称采光天棚）作为天然光线的采光面与自然通风口成为中庭光环境设计的主要内容，在设计中考虑的因素包括中庭的跨度、结构形式与剖面的选择、位置、尺寸，以及建筑方位等。

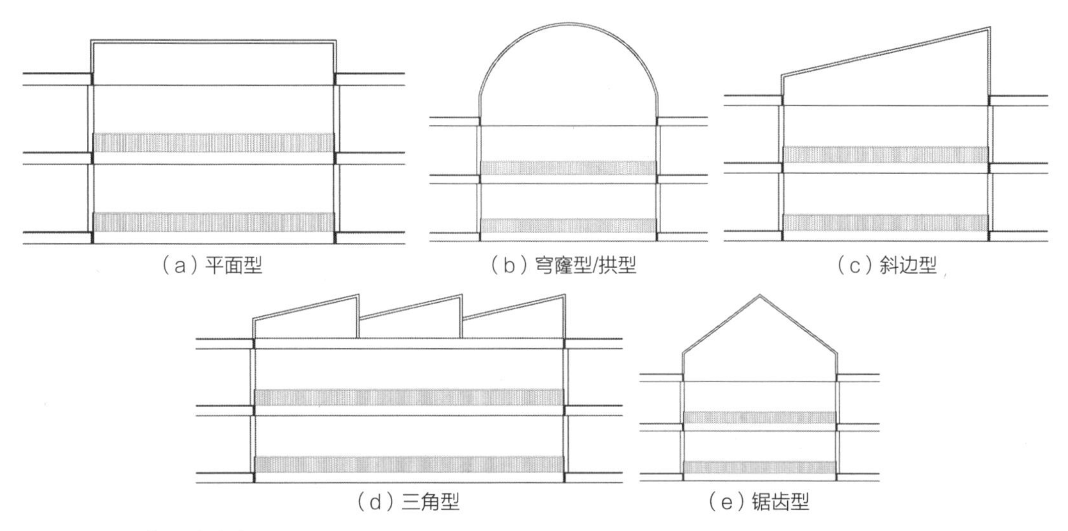

图3-3-9　天棚、穹窿造型

图3-3-10　示例1

图3-3-11　示例2

图3-3-12　示例3

图3-3-13　示例4

图3-3-14　示例5

图3-3-15　示例6

图3-3-16　示例7

图3-3-17　示例8

图3-3-18　示例9

图3-3-19　示例10

图3-3-20　示例11

图3-3-21　中国银行大楼（中国　北京）

图3-3-22　香港国际金融中心

图3-3-23　深圳音乐厅（中国　深圳）

（1）天窗结构型式的选择：现代科技成果、新结构、新材料，为中庭天棚设计提供了有力的支撑，根据中庭不同的跨度，首先，天窗的形式有多种选择，如平板型、屋架型、栱型、穹窿型、锥型等；其次，透明材料的选择与性质，如聚碳酸酯PC、PC阳光板；再次，结合中庭的方位如季节的更迭，太阳高度角、方位角的变化，不同材料自然光的透光率等，这些条件都会给中庭光环境带来不同的影响，如夏季当阳光直射中庭的时段，需要采取遮阳的措施，滑动式的布幔、轻质格栅都起到良好的遮阳作用。

（2）不同类型的建筑功能要求，自然光线透过各种类型的天窗以及其尺度对不同的材料照度，中庭空间的高、宽、几何比例产生着不同的效果。

不少公建的中庭天棚，结合中庭形态功能特点以新技术、新材料所选择的形式提供了很好的借鉴。

柏林国会大厦会议大厅上空的玻璃穹窿顶以及参观廊设置了中部玻璃镜面的倒圆锥体，反射来自天然光，而漫射入议事大厅，节约了能源。

（3）中庭的顶部造型设计还应注意与中庭整体风格协调，以及下层中庭平面、剖面形态的相互关系，如内部空间视觉的引导与视觉焦点，顶部灯具与节日的悬挂装饰而取得丰富的效果。

（4）中庭墙面的处理：多层以及高层的中庭，大都依靠直射光，经墙面的反射，产生漫射的采光效果，因此，墙面的材料应予以慎重选择，如表面光滑的材料反射力强并易产生眩光甚至聚焦而刺激视觉。粗糙的表面产生漫射光均匀、柔和，也有的在特定部位通过反射装置增加部分采光量，甚至调节天棚窗的高度部位（如侧窗、低窗）等适应不同类型建筑的功能要求。

3. 地面（图3-3-24～图3-3-33）

中庭地面的铺装包括地面材料的选择、图案、色彩、地面标识以及小品（如喷泉、座椅等）设计。

人们从多层中庭的走廊俯视地面，要得到清晰的视线，一般处理方式有将天棚与地面上下映照、相互衬托，或者设置一些绿化花坛、休闲桌椅等。

图3-3-24　示例1

图3-3-25　示例2

图3-3-26　示例3

此外，商业建筑中庭中商品、广告展示已经丰富多彩，一般情况下地面铺装宜简洁、防滑。节庆假日可以多加装饰，烘托节日气氛。

不同类型建筑中庭的室内设计宜与建筑风格相协调，稍加点缀，即能起到画龙点睛之效。

图3-3-27 示例4

图3-3-28 示例5

图3-3-29 示例6

图3-3-30 示例7

图3-3-31 示例8

图3-3-32 示例9

图3-3-33 示例10

4．端面（图3-3-34～图3-3-37）

通常可视作轴线的底景，或虚或实。虚则为大片玻璃采光窗，靠近它眺望城市景色，或为泻瀑、水幕等；实则墙面浮雕、壁画，以及某一建筑要素如悬挑楼梯、建筑小品装点，或体现主题、风格的文化、地方符号等，通过有创意的室内设计达到不拘一格、令人难忘的目的。

图3-3-34 示例1

图3-3-35 示例2

图3-3-36 示例3

图3-3-37 示例4

3.4 剖面形式（图3-4-1～图3-4-14）

综合中庭空间的构成要素与设计方法，通过中庭的剖面得以完整的表达，而剖面形式的创造正是融合前述的条件在新的构思创意下得到完善与发挥。这也可以说是在学习建筑创作中，从认识空间、理解空间到创造空间的反复推敲必然过程。多姿多彩的中庭空间形态是建筑个性特色的所在，是建筑师空间想象力、空间创新的反映。上节所归纳的多种空间表达仅提供一些设计的基本手法与思路，而更重要的是通过不同侧面的分析，将有助于空间形态选择、形态组合的整体性把握。一些优秀作品从寥寥数笔的创作草图到建筑剖面的空间表达，反映出中庭设计从空间形态选择、尺度把握、流线分析、空间序列，以及造型风格在不断调整、反复推敲梳理的创作历程。此外，从观摩、研究、学习中庭设计的原则、要领基础上，把剖面设计作为创作的切入点，将是从逆向思维出发的另一途径。

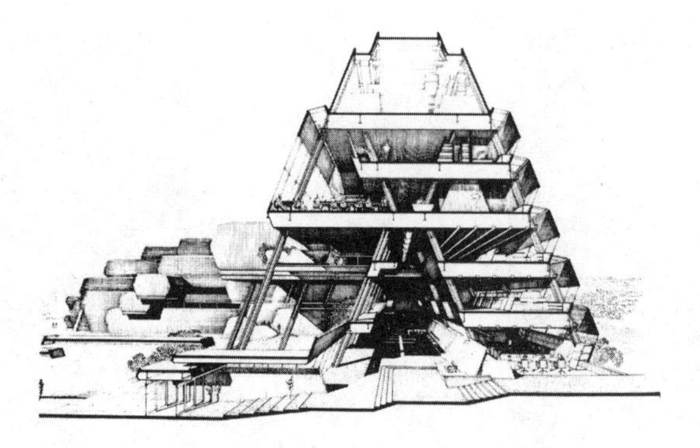

图3-4-1　Burroughs顶好超市公司办公楼（美国）

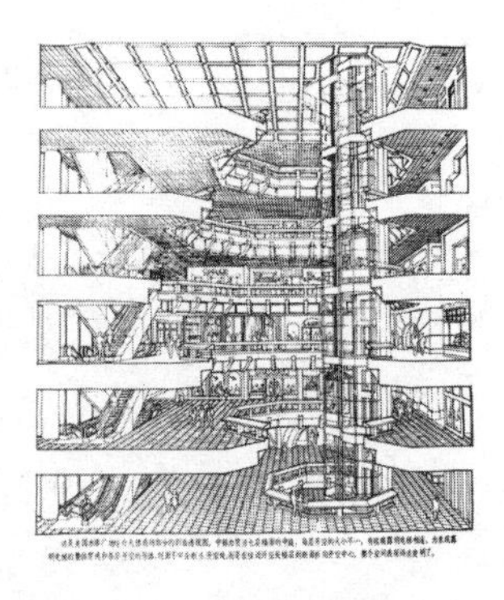

图3-4-2　水塔广场购物中心（美国 芝加哥）

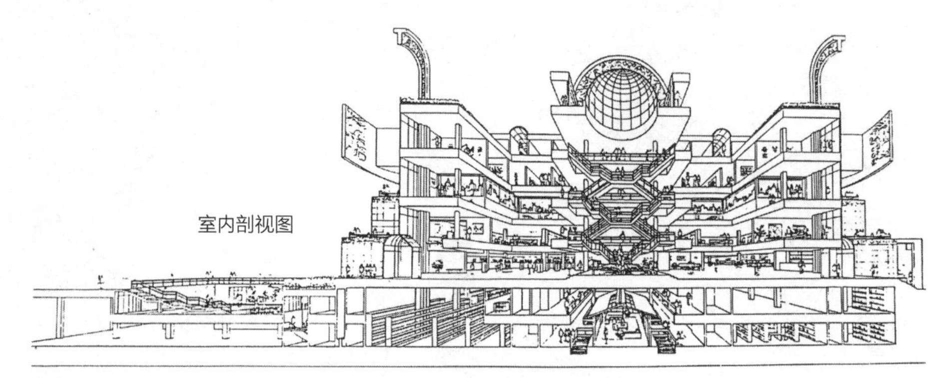

图3-4-3　上海图书馆（中国 上海）

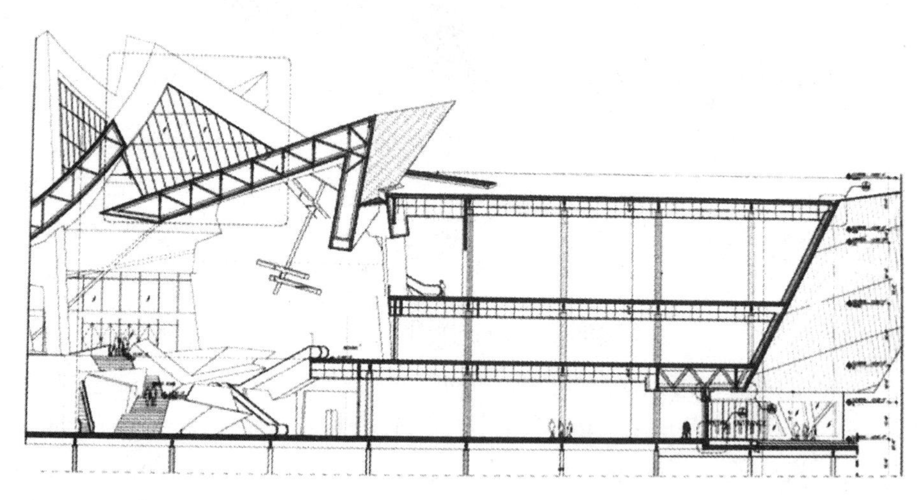

图3-4-4　示例1

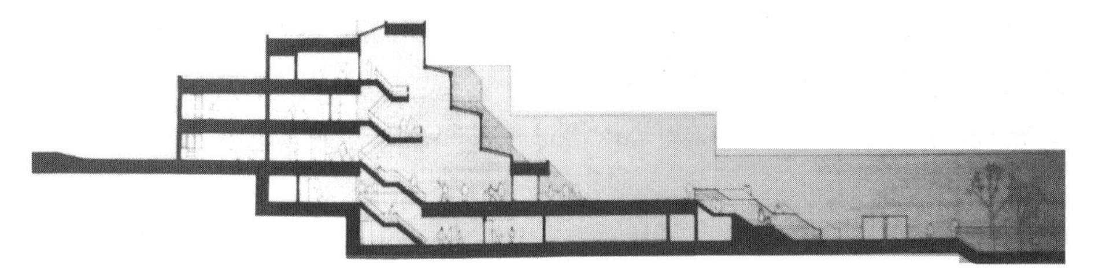

图3-4-5　示例2

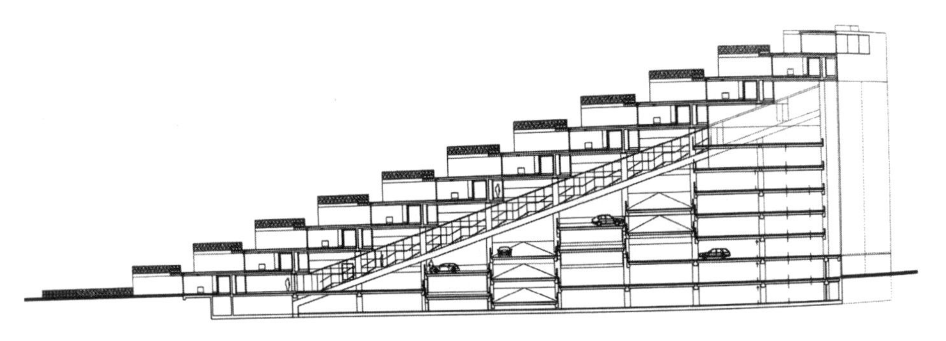

图3-4-6　示例3

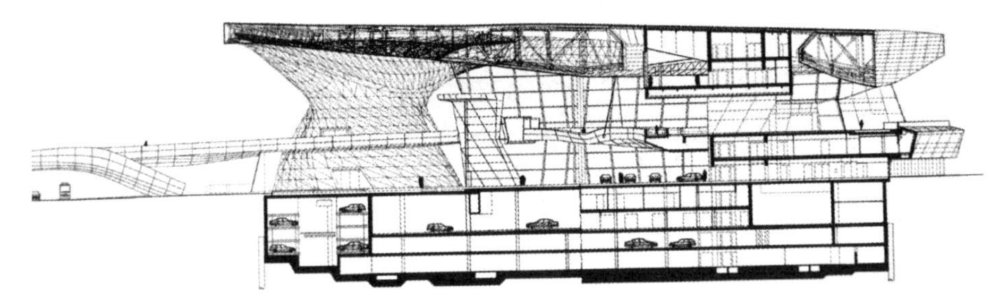

图3-4-7　示例4

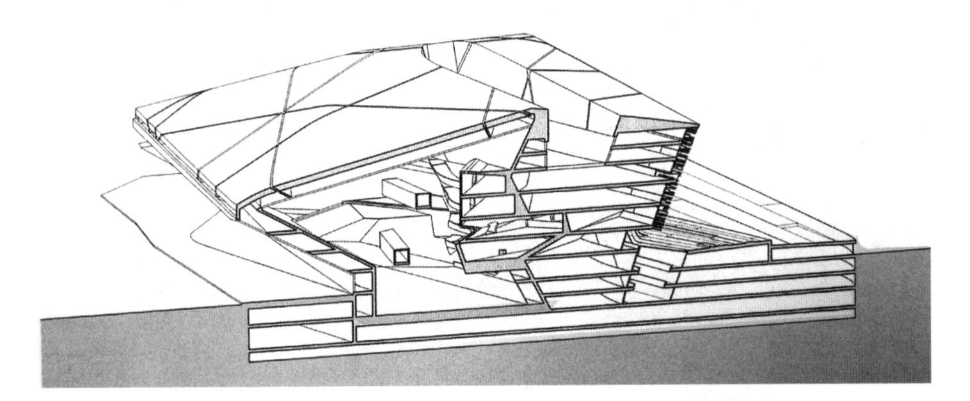

图3-4-8　示例5

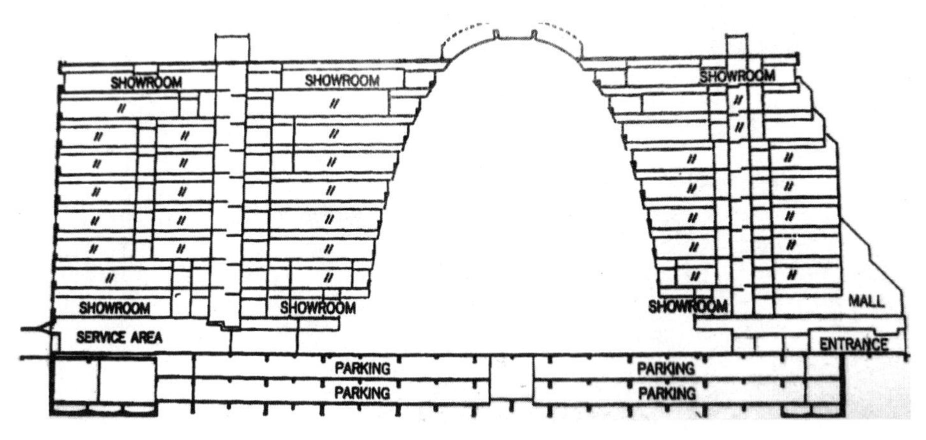

图3-4-9　示例6

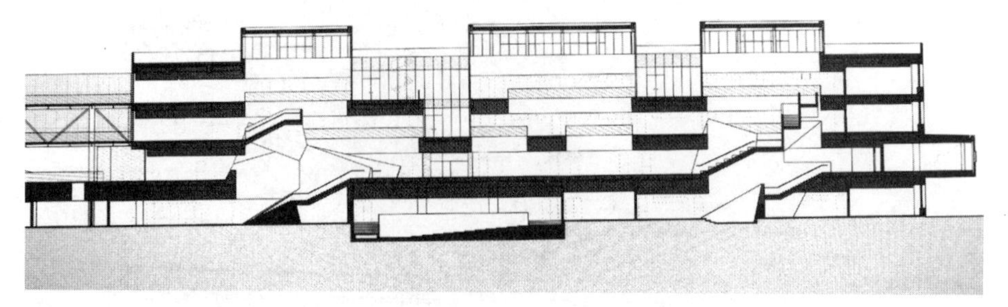

图3-4-10　示例7

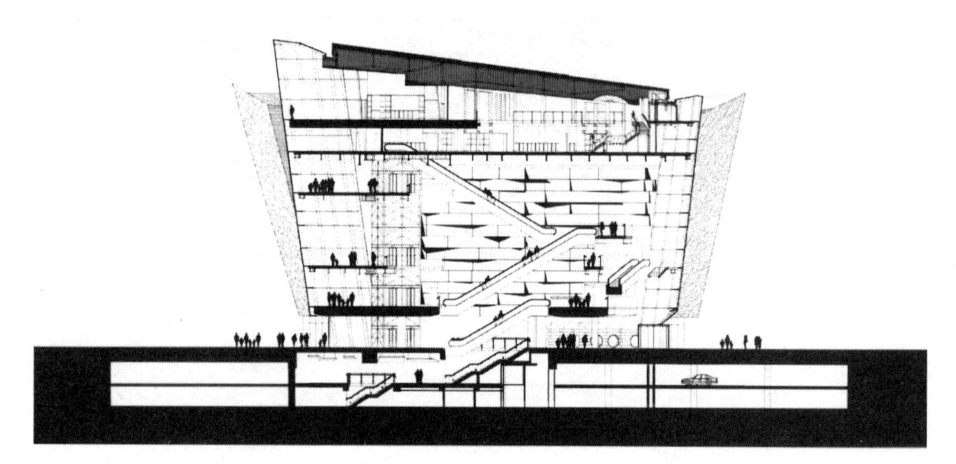

图3-4-11　示例8

图3-4-12　示例9

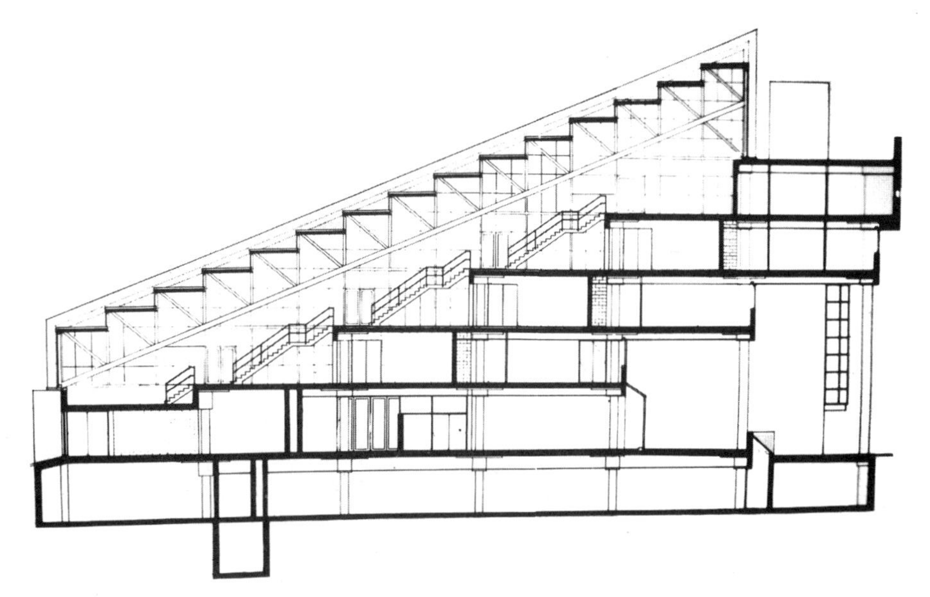

图3-4-13
示例10

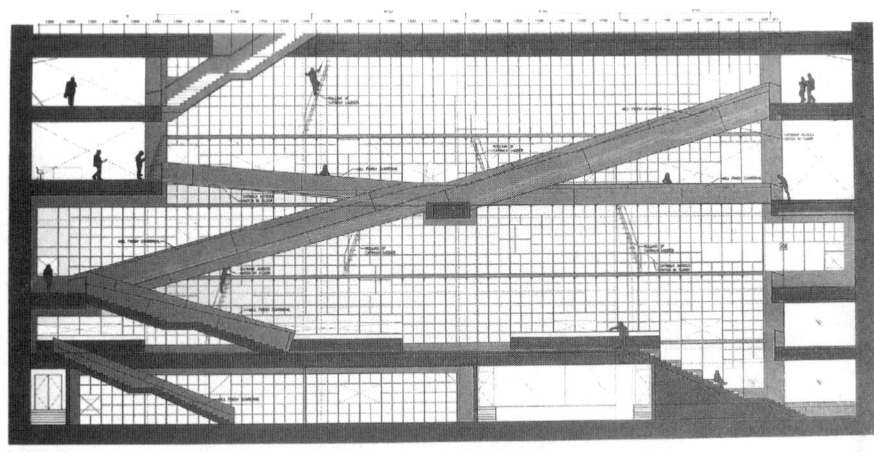

图3-4-14
某书店展示内景

4

中庭的垂直交通体系

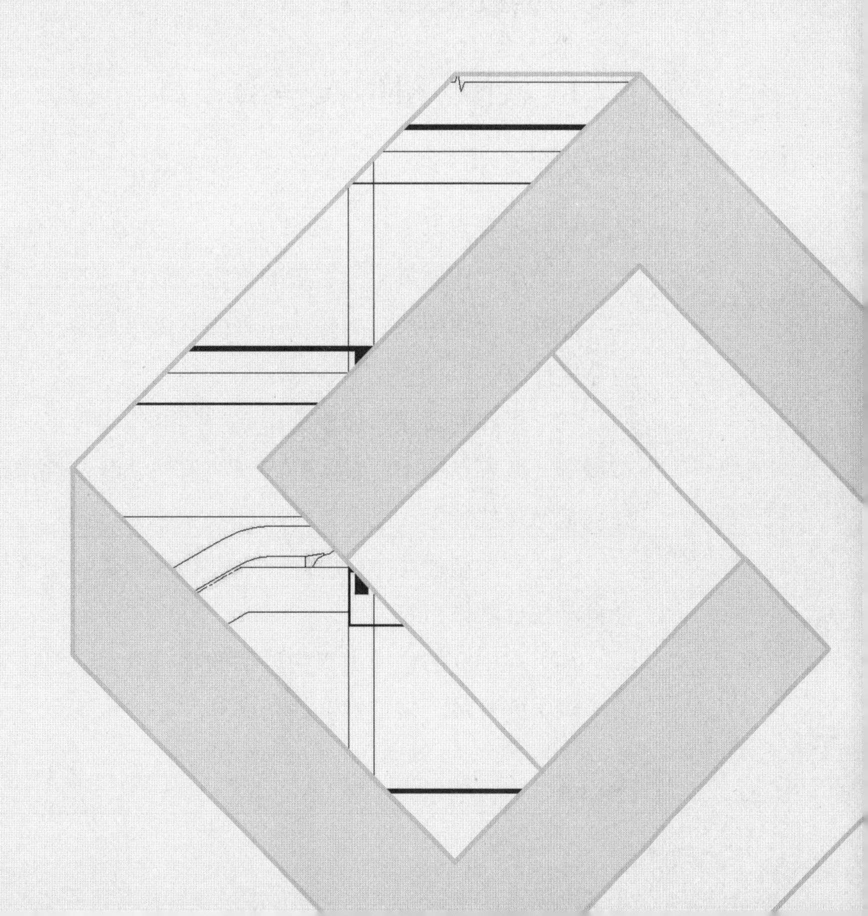

中庭的垂直交通系统是建立人们直觉的秩序与流线规律的主要因素，也是激发人们期待并引导购、逛、游、娱、饮等活动激情的重要手段。

现代科技成果产品提供了建筑垂直交通体系的有力支撑。从类型的选择、布局的位置与方法，垂直交通系统发挥了输送、空间审美的巨大作用，并为现代社会生活提供了安全、舒适、方便的条件。

4.1 垂直交通类型

中庭的垂直交通体系，一般分为两大类：

（1）非电动类：楼梯及坡道。

（2）电动类：电梯、自动楼梯、自动坡道、自动步道。

类型的选择、数量将依据人流情况、建筑规模、性质以及电动产品的有关技术规格与数据等确定。

4.2 垂直交通设计

4.2.1 楼梯（图4-2-1 ~ 图4-2-21）

中庭楼梯的布置与特点与一般建筑采用楼梯“间”的方法有很大不同，其主要特点有：

（1）虽然楼梯可采用一般的直跑、双折、双分、三折、圆弧、螺旋等形式，但都以开敞的形式融合在中庭的整体布局中，它不能纳入消防楼梯疏散的宽度计算。

（2）楼梯的新颖造型成为中庭空间的视觉重点，依据它的宽度、位置、布局等，起着点缀中庭景观的表现礼仪性、装饰性建筑风格的作用，成为中庭视觉形象的特色。

（3）在大型公建中，大厅、中庭在成为建筑交通枢纽空间时，通常可结合自动扶梯联排布置。

（4）在中庭的楼梯大都为悬挑的结构形式，显得轻盈自如。

除中庭开敞“装饰性”的楼梯外，必须设置紧急情况下疏散的消防安全楼梯，它的设置应严格按照相关的防火规范作出安排，着重考虑下列几点：

（1）依据各层的建筑面积，划分建筑防火分区，并设置相应防火隔断（如防火门、防火卷帘门等）。

（2）根据人流数量、建筑性质计算疏散楼梯宽度，设置疏散楼梯数量等。

（3）消防楼梯除必须设置防烟前室、送风、排风等设施外，应逐一对照有关规范如建筑类型、建筑高度等不同要求。

图4-2-1　示例1

图4-2-2　示例2

图4-2-3　深圳大学图书馆（中国 深圳）

图4-2-4　示例3

图4-2-5　示例4

图4-2-6　巴黎歌剧院芭蕾舞学校（法国 巴黎）

图4-2-7　深圳音乐厅（中国 深圳）

图4-2-8　郑州市博物馆（中国 郑州）

图4-2-9　国外某高校

图4-2-10　示例5

图4-2-11　西班牙某剧院会议中心（西班牙）

图4-2-12　示例6

图4-2-13　香港海逸酒店（中国 香港）

图4-2-14　示例7

图4-2-15　示例8

图4-2-16　示例9

图4-2-17　示例10

图4-2-18　示例11

图4-2-19　示例12

图4-2-20　上海美罗城（中国 上海）

图4-2-21　苏州博物馆（中国 苏州）

4.2.2 自动扶梯

在大型公共建筑中设置的自动扶梯，不仅能安全、有效地运送大量客流，并且可以起到空间导向的作用。自动扶梯多样的布置方式以及装饰手法增加了空间动感、活跃、热烈的气氛。

自动扶梯设置的数量除了考虑正常客流输送量外，还应结合所在区位、节假日及高峰时段的客流量。

自动扶梯基本上有两种形式：直线式与弧线式（图4-2-22、图4-2-31～图4-2-34）。在不同规模、不同形式的中庭中，自动扶梯的布置应考虑流线方向、人流情况以及空间形式等多种因素。

自动扶梯的布置方式通常有下列几种：平行式（图4-2-23、图4-2-24、图4-2-35～图4-2-55），平行式是最常见的一种，它的布置方式有在中庭中布置、在中庭单侧布置、在中庭双侧布置。

在中庭单侧布置，又分为两种：一种是在柱框内布置，另一种是悬挑式布置（图4-2-25）。具体选择哪种布置方式，依据中庭的宽度或框架跨度决定。

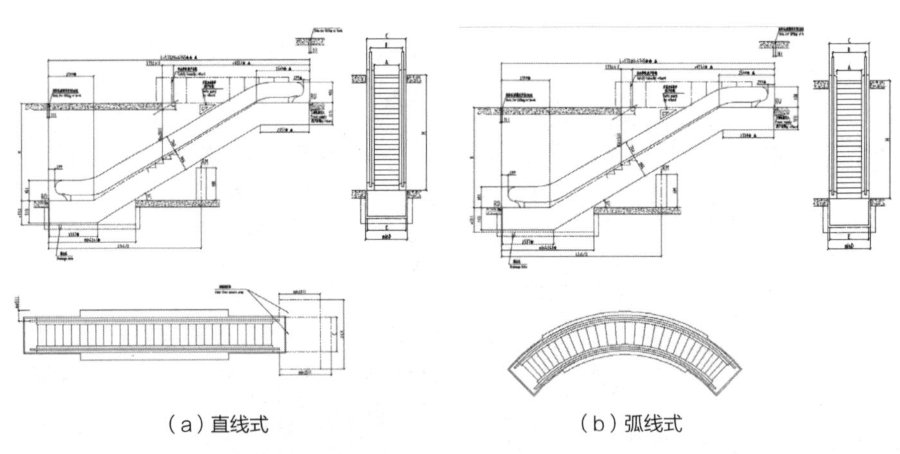

（a）直线式　　（b）弧线式

图4-2-22　自动扶梯两种基本布置方式

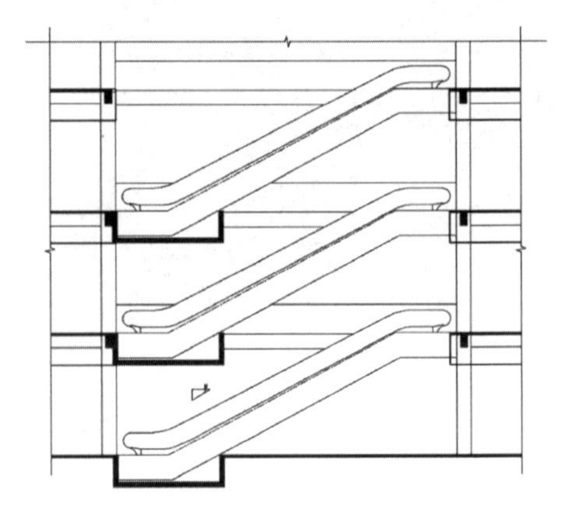

图4-2-23　平行式布置

在大型中庭还有自动扶梯与楼梯相结合并列布置的方式，或采用多组平行式自动扶梯布置方式。由于商场的层数、规模不同，各层上下一致地布置平行式自动扶梯，再搭配不同的装饰、灯光处理，可以给中庭营造颇为壮观的景象。

在大型购物中心多个中庭串联时，把首层至二层的自动扶梯放在单独中庭中，而使主中庭首层畅通无阻，将有利于组织营销宣传以及节庆活动等。

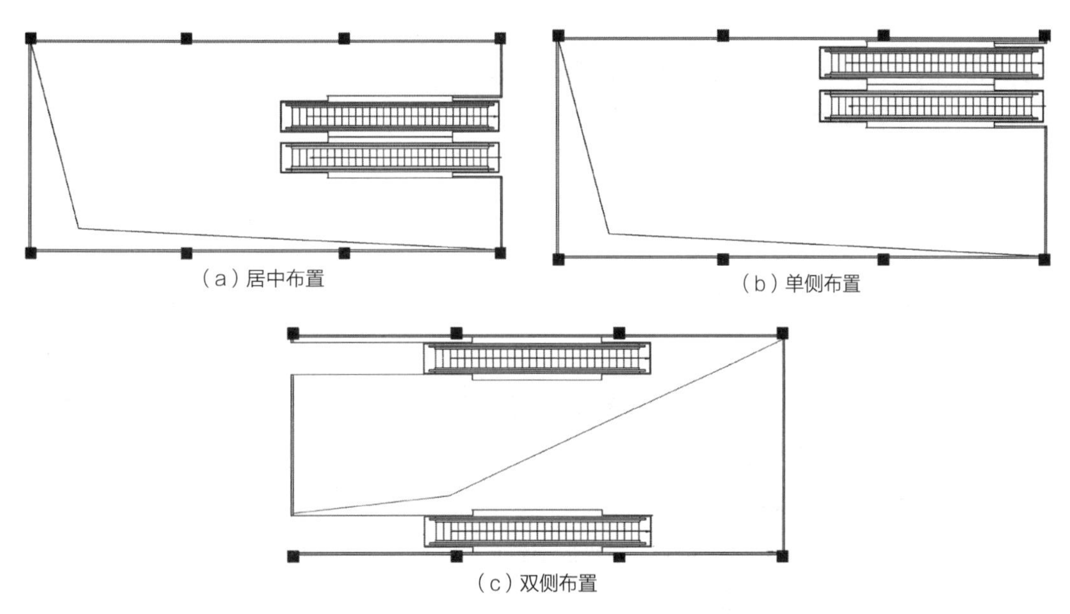
（a）居中布置　（b）单侧布置　（c）双侧布置

图4-2-24　平行式的三种布置方式

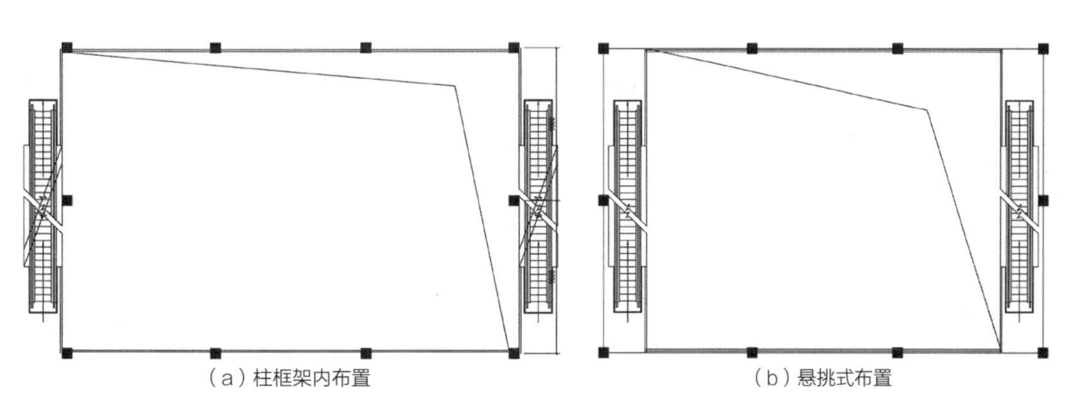
（a）柱框架内布置　（b）悬挑式布置

图4-2-25　单侧布置的两种形式

连续式（图4-2-26、图4-2-56～图4-2-66）。连续式分为直线连续式和折线连续式两种。在连续多跨的商场，可将自动扶梯连续布置，避免顾客上下层行进时走回头路，同样折线上下贯通也与直线连续式一致。

跨庭式（图4-2-27、图4-2-67～图4-2-73）。为打破平行式的单调感，可以充分利用中庭的空间，采用跨越中庭的方式布置自动扶梯，利用双侧挑台，保证上、下人流的疏散，也可以结合多种方式形成不同的中庭特色。

跨层式（图4-2-28、图4-2-74～图4-2-86）。多层中庭的自动扶梯可以跳过一层、二层甚至多层直接到达目的层，避免了依次逐层行进。这种跨层式布置方式，促使熟悉的客流直接到达期望的目的地，使上层分布的业态取得更好的营销价值。

交叉式（图4-2-29、图4-2-87～图4-2-93）。实际上，交叉式又称剪刀式，它与连续式具有同样的人流行进效应，同时在相反方向的人流上、下时，避免了相互干扰，节省了上、下的时间，使人在空间视觉上产生交错的韵律感。

会合式（图4-2-30、图4-2-94～图4-2-97）。在中庭中，自动扶梯相向会合的布置，必须在交会处留出较宽敞的平台，以利于人流向前疏散。自动扶梯的布置方式可不拘泥于一格，随着建筑规模、空间特色的创新，必然会有更多、更新的方式出现。

采取不同方式布置的自动扶梯，在功能上、空间视觉观瞻上都有不同的特点，宜多加斟酌，以适应中庭的不同业态分布，创造不同的空间特色。自动扶梯在布置时应考虑以下要点：

（1）自动扶梯的倾角分为30° 与35° 两种。人流较多的商业中庭与火车站等不宜采用35° 的倾角。

（2）自动扶梯在选择时应注意宽度、运行速度及每秒运送人数等指标。

（3）自动扶梯在上、下层平台的设施（如柜台、装饰物等）均应保持3米以上的距离。

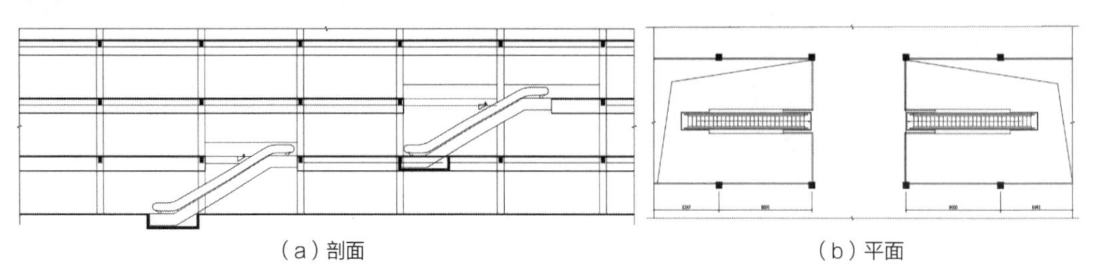

（a）剖面　　（b）平面

图4-2-26　连续式布置

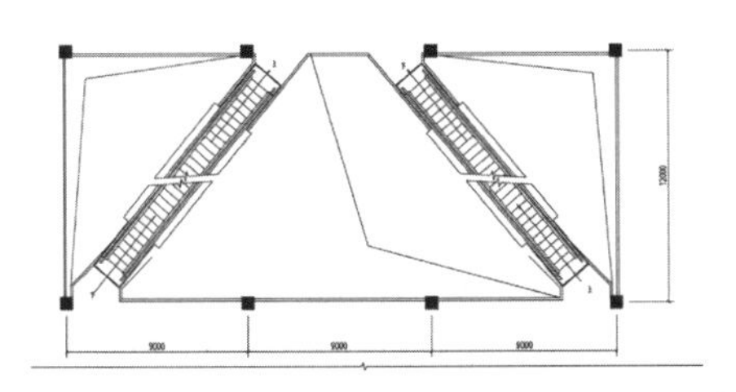

图4-2-27 跨庭式布置

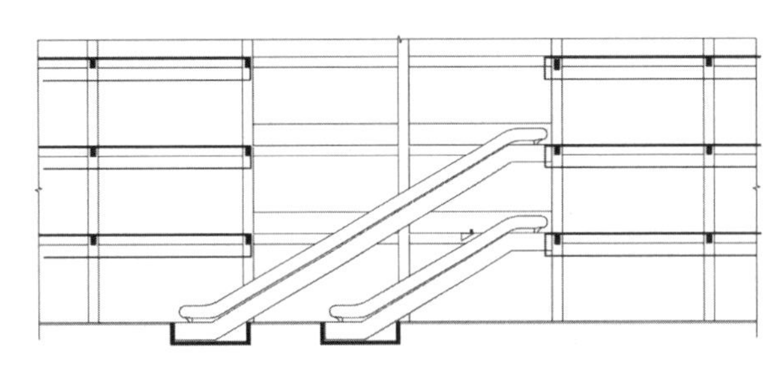

图4-2-28 跨层式布置

据初步测算，关于自动扶梯、垂直电梯的人流输送，以5万~10万人次计，应设置18~30部自动扶梯、4~10部垂直电梯。

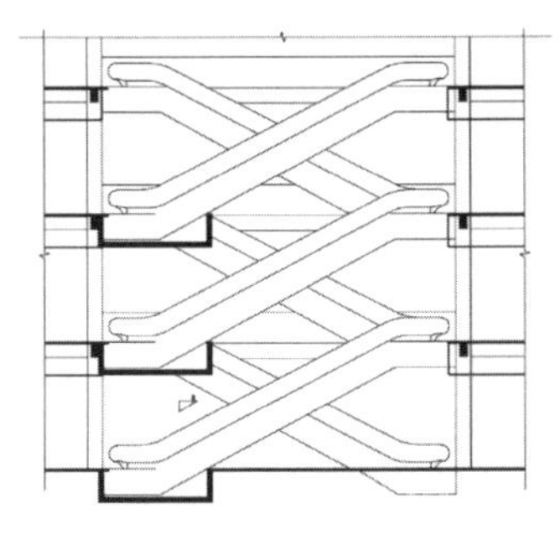

图4-2-29 交叉式布置

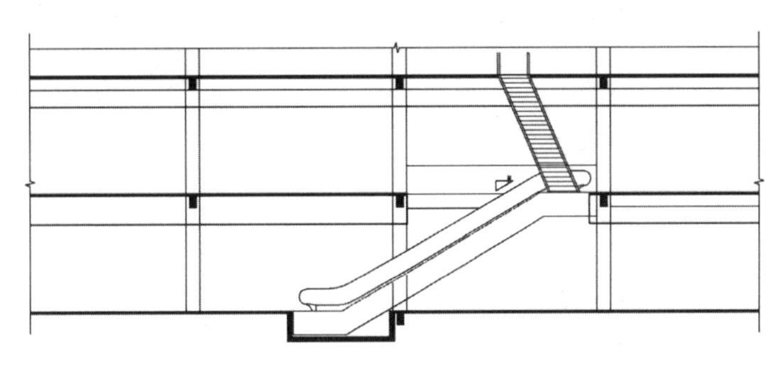

图4-2-30 会合式布置

图4-2-31 直线式示例1

图4-2-32 直线式示例2

图4-2-33 直线式示例3

图4-2-34 上海新世界城（中国 上海）

图4-2-35　平行式示例1

图4-2-36　平行式示例2

图4-2-37　平行式示例3

图4-2-38　平行式示例4

图4-2-39　平行式示例5

图4-2-40　平行式示例6

图4-2-41　平行式示例7

图4-2-42　平行式示例8

图4-2-43　平行式示例9

图4-2-44　平行式示例10

图4-2-45　平行式示例11

图4-2-46　平行示例12

图4-2-47　平行式示例13

图4-2-48　平行式示例14

图4-2-49　平行式示例15

图4-2-50　平行式示例16

图4-2-51　平行式示例17

图4-2-52　平行式示例18

图4-2-53　平行式示例19

图4-2-54　平行式示例20

图4-2-55　平行式示例21

图4-2-56　上海环贸广场（中国 上海）

图4-2-57　连续式示例1

图4-2-58　连续式示例2

图4-2-59　连续式示例3

图4-2-60　连续式示例4

图4-2-61　连续式示例5

图4-2-62　连续式示例6

图4-2-63　连续式示例7

图4-2-64　连续式示例8

图4-2-65　连续式示例9

图4-2-66　连续式示例10

图4-2-67　跨庭式示例1

图4-2-68　跨庭式示例2

图4-2-69　跨庭式示例3

图4-2-70　跨庭式示例4

图4-2-71　跨庭式示例5

图4-2-72　跨庭式示例6

图4-2-73　跨庭式示例7

图4-2-74　跨层式示例1

图4-2-75　跨层式示例2

图4-2-76　跨层式示例3

图4-2-77　跨层式示例4

图4-2-78　跨层式示例5

图4-2-79　跨层式示例6

图4-2-80　跨层式示例7

图4-2-81　跨层式示例8

图4-2-82　跨层式示例9

图4-2-83　跨层式示例10

图4-2-84　跨层式示例11

图4-2-85　跨层式示例12

图4-2-86　跨层式示例13

图4-2-87　交叉式示例1

图4-2-88　交叉式示例2

图4-2-89　交叉式示例3

图4-2-90　交叉式示例4

图4-2-91　交叉式示例5

图4-2-92　交叉式示例6

图4-2-93　新东安市场（中国 北京）

图4-2-94　会合式示例1

图4-2-95　会合式示例2

图4-2-96　会合式示例3

图4-2-97　会合式示例4

4.2.3 楼梯与自动扶梯联合（图4-2-98～图4-2-104）

中庭的楼梯与自动扶梯除分散布置外，在大型公建，如博览、交通建筑中，导向明确、人流众多而集中，以及礼仪性要求等，采用楼梯与自动扶梯合并的布置方式，既满足了功能需要，又加强了中庭的气势。

图4-2-98　示例1

图4-2-99　示例2

图4-2-100　示例3

图4-2-101　示例4

图4-2-102　示例5

图4-2-103　示例6

图4-2-104　示例7

4.2.4　电梯（图4-2-105～图4-2-117）

中庭电梯（图4-2-105～图4-2-111）一般以观光电梯为主，中庭观光电梯一般不少于两座，观光的玻璃面应面向中庭以达到鼓励人流上行与观赏的目的。根据建筑类型的不同，可选用不同厂商的电梯产品，除观光电梯外，建筑中还应设置客用电梯（图4-2-112～图4-2-117）、货用电梯等。

图4-2-105　中庭电梯示例1

图4-2-106　中庭电梯示例2

图4-2-107　中庭电梯示例3

图4-2-108　中庭电梯示例4

图4-2-109　中庭电梯示例5

图4-2-110　中庭电梯示例6

图4-2-111　中庭电梯示例7

图4-2-112　客用电梯示例1

图4-2-113　客用电梯示例2

中庭的垂直交通除自动扶梯外，还应布置电梯以供老、弱、病、残、孕及怀抱婴、手推婴儿车等人员使用（货运电梯应另设）。除明显标注电梯位置外，也有设置电梯间的方式。当发生火警时，应关闭电梯，引导人员从消防楼梯逃生。

图4-2-114　客用电梯示例3

图4-2-115　客用电梯示例4

图4-2-116　客用电梯示例5

图4-2-117　客用电梯示例6

4.2.5　坡道

垂直交通中的坡道（图4-2-118 ~ 图4-2-124）一般有以下两种。

1．步行坡道及平道

在文化博览建筑以及航空港的候机厅中为布置流线顺势设置步行坡道，

一则减轻参观人群的疲劳，一则人流较密集时强化流线以步行坡道布置组织参观或候机厅流线。由坡道引导参观路线具有较强的导向性及强迫性，如世博会展览建筑中由于短期人流集中，采用坡道更有其特殊的效能。

2. 自动坡道

在2～3层的大型超市及多层大型展览空间中，以减少人们长时间参观、采购的疲劳以及手推车的安全等自动坡道，更能适应残障人士对无障碍设施的要求。

一般进行坡道布局时，应考虑以下三个方面，或查阅相关企业产品的技术资料。

（1）坡道的位置。

（2）坡道设计的技术要求。

（3）坡道的处理。

图4-2-118 示例1

图4-2-119 示例2

图4-2-120　示例3

图4-2-121　示例4

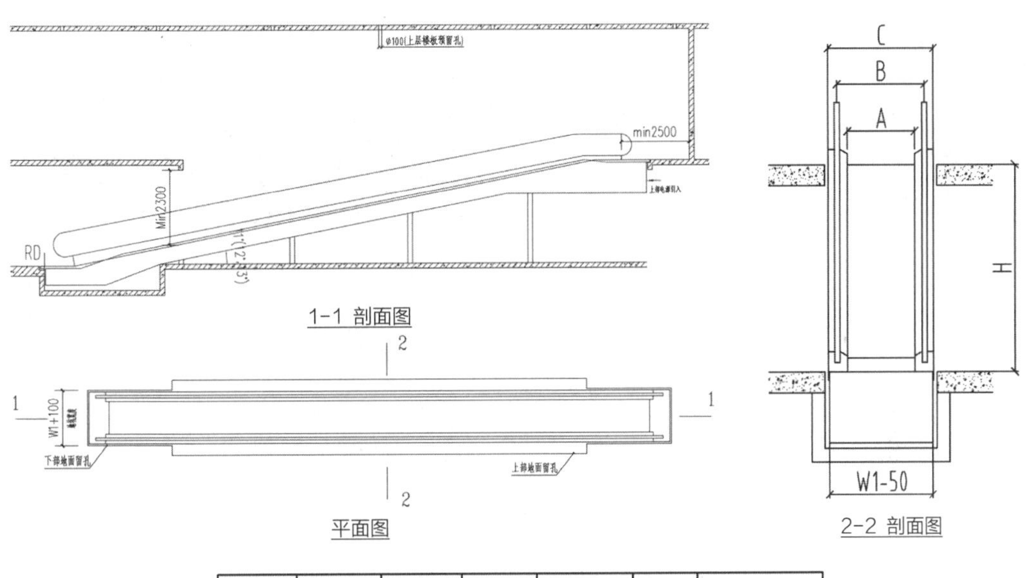

类型	倾斜角°	踏板宽度W(mm)	额定速度(m/s)	理论运送能力(人/h)	提升高度W(m)	电源
水平型	0~4	800	0.5 0.65 0.75 0.9	9000	2.2~6	动力　三相交流 380V 50Hz 功率　3.7~15KW 照明　220V 50Hz
		1000		11250		
		1200		13500		
倾斜型	10、11、12	800		6750		
		1000		9000		

图4-2-122　自动坡道示意图

图4-2-123　示例5

图4-2-124　清华大学美术馆（中国 北京）

5

中庭的相关设计与措施

一个建筑方案的确立，局部的安排（如中庭设计）离不开整体的、统筹的考虑，方案的完善又必须了解与掌握结构系统、设备系统、管理系统的概念与基本知识。在方案确定的进程中与各专业系统及系统之间进行很好的沟通与协作，最终使建筑室内装修设计的实施达到预期的效果。

本章以建筑中庭与各系统的有关内容与要求如结构布置、防火安全、建筑风格作简要讨论。

5.1 结构选型

中庭的结构主要是由两个不同部分组成，各楼层的结构一般采用钢筋混凝土柱网以及大跨度钢与玻璃结构、悬索、膜结构等的天棚。

5.1.1 柱网布置

通常钢筋混凝土结构的柱网（柱距一般8~10米）基本上满足商业铺面及百货商场柜台及人行通道的布置，但考虑中庭及商场布置经济、适合地下车库如布置三车辆停放，柱网应在8米以上为宜。

在大型综合性建筑的布局时高层塔楼下若干层裙房的中庭相互间的结构关系，大体有以下几种情况：

（1）高层塔楼自上而下以剪力墙为主的结构，塔楼基本与裙房结构分别处理，由于剪力墙分布跨度较小，在功能上难以与裙房相协调。如塔楼为办公、旅馆建筑等，开间划分可与裙房跨度相一致，使裙房与塔楼结构相对较经济、方便地处理。

（2）塔楼为住宅单元时，由于上部内墙分隔多，下层部分采用较大跨度柱网与裙房柱网取得协调而争取了大空间布局，这样塔楼在裙房的上层部分需做结构转换层，即由框架为主转换为剪力墙结构。

（3）一般塔楼在裙房基座布置时，应考虑高层建筑的安全防火要求的登高面长度。

柱网相对于商铺面宽是一个重要的因素，而面宽与进深的比例又是商铺分割数量的一个重要指标。据研究，商铺面宽作为一个有限资源，它的边际效益是指各个商铺在增加一个面宽时，所增加的单位销售收入是相等的。因此，从整体上购物中心商铺分隔需要达到经济合理的效益，此外，面宽与进深的比例，也是在确定购物中心柱网的一个基本因素。

在通廊单侧或双侧布置时，其通廊的宽度以及通廊的总长度与商铺面宽进深的划分也是中庭流线设计必须把握研究的问题，也有利于提高单位面积的使用价值与租金水平。

5.1.2　天棚结构造型（图5-1-1～图5-1-10）

大跨度、形式各异的天棚屋盖造型，大都以选择空间网架结构居多，它包括空间网壳（球形壳）、椭球壳、抛物面壳、双曲线旋转壳等，其他诸如钢、钢筋混凝土排架、刚架、屋架等也有所采用。在方案设计不同阶段与结构专业及网架生产厂商协作、配合，使建筑方案臻于完善。

中庭的天棚除有的采用天花吊顶外，由于技术要求，屋盖结构杆件暴露在外，清晰可见，杆件所构成的图案表达了现代材料、技术的结构美；其图案构成成为中庭的重要元素，加之与中庭平面、空间形态的融合，使之浑然一体，把现代建筑空间美提升到了一个新的水平。

大跨度、形式各异的天棚结构造型，创造性地运用图案既融入了空间的形态，又是建筑风格的鲜明体现。光、植物、水面是现代建筑空间创造运用的三个主要元素，而透过天棚顶所造成的光、阴影与色彩的交织变化，不仅增添了建筑的无限生气，同时赋予了其强烈的时代特征与风格。

结构 分类	R型	T型	双拱型	M型
图示	矢高 地面 跨度	矢高 跨度	矢高 跨度 跨度 组合跨度	矢高 地面 1/2跨度 1/2跨度 跨度
主要参数	1. 跨度：6～34米 2. 矢高：跨度×（0.3～0.5） 3. 底脚结构：混凝土地面或基础 4. 主要应用：大型车房、厂房、飞机库	1. 跨度：6～36米 2. 矢高：跨度×（0.1～0.2） 3. 墙体结构：混凝土或钢结构框架 4. 主要应用：大型厂房、养殖场、体育馆	1. 跨度：大于6米 2. 矢高：跨度×0.2 3. 墙体结构：混凝土或钢结构框架 4. 主要应用：厂房、大型仓库、商场展览厅	1. 跨度：大于12米 2. 矢高：跨度×0.2 3. 墙体结构：混凝土或钢结构框架 4. 主要应用：厂房、大型仓库、商场展览厅

图5-1-1　拱架示意

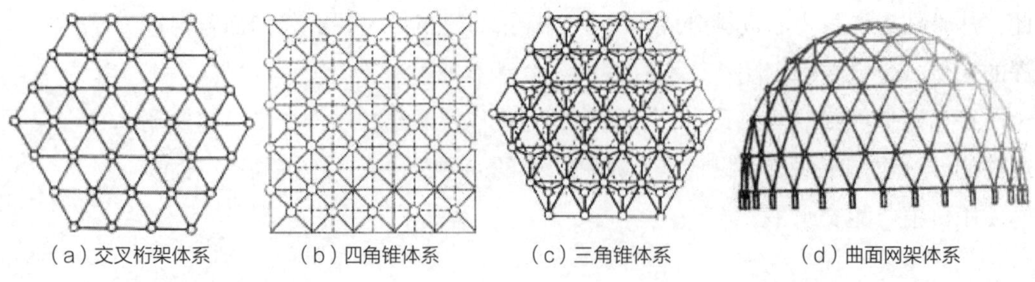

（a）交叉桁架体系　（b）四角锥体系　（c）三角锥体系　（d）曲面网架体系

图5-1-2　网架体系

图5-1-3　示例1

图5-1-4　示例2

图5-1-5　示例3

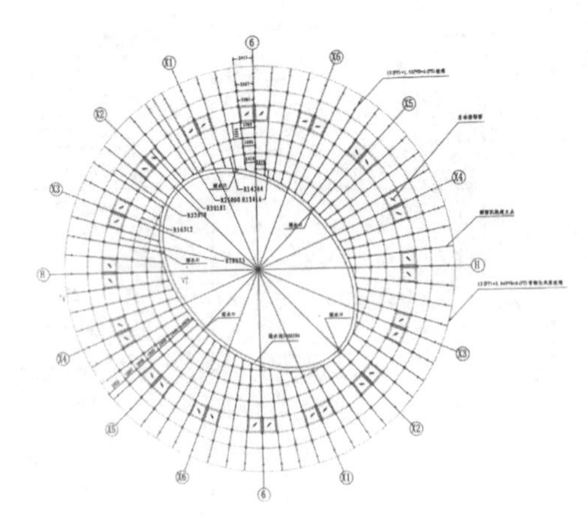

图5-1-6　示例4

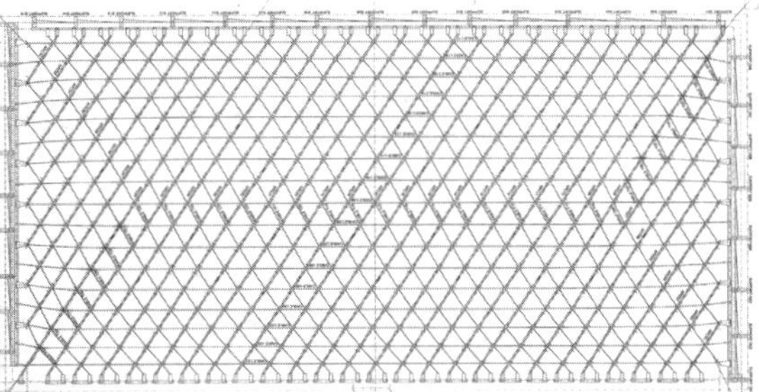

图5-1-7　示例5

图5-1-8　国王十字火车站（英国 伦敦）

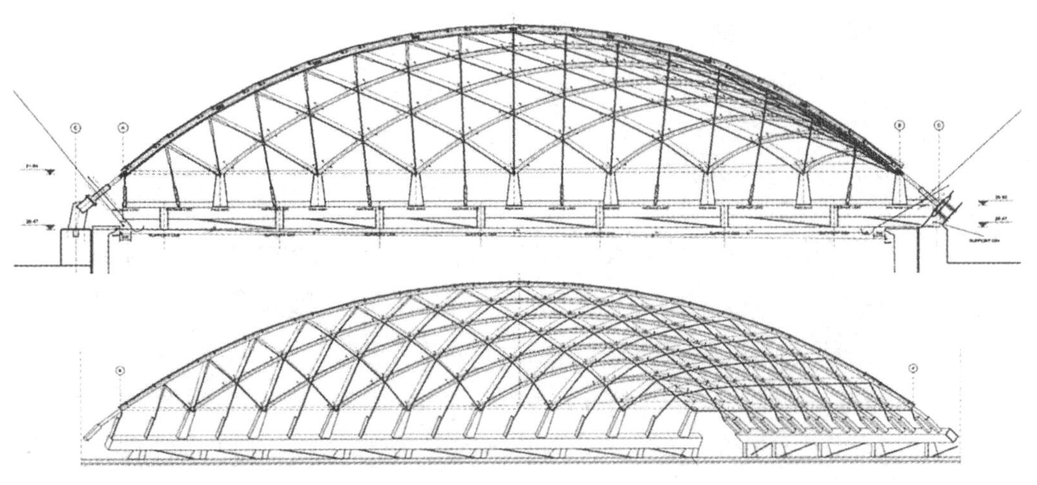

图5-1-9　示例6

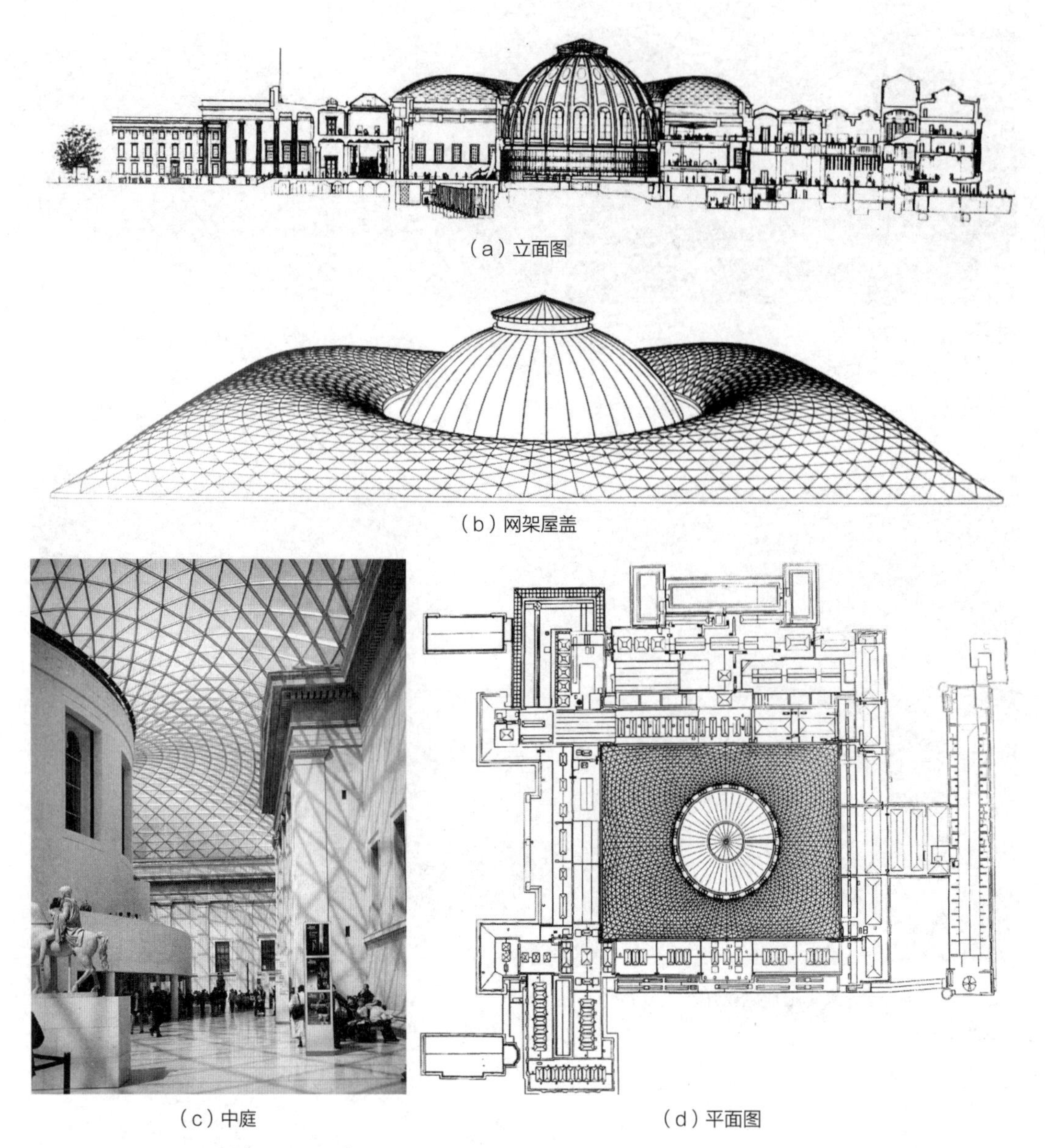

（a）立面图

（b）网架屋盖

（c）中庭

（d）平面图

图5-1-10　大英博物馆（英国 伦敦）

5.2　安全疏散

多层或高层的中庭单一或连续几个中庭的布置以及结合自动楼梯、连廊在一起，加之面积较大、空间开敞、人流密集，因此无论在正常或紧急情况下，安全、疏散以至突发事件的发生如防火、防灾等，从方案阶段、从整体出发，掌握防火、安全的有关规范、条例，了解、沟通各专业的要求如消防安全监控与措施，逐步深入、相互配合才能完善方案，为后续工作打下良好基础（图5-2-1～图5-2-4）。

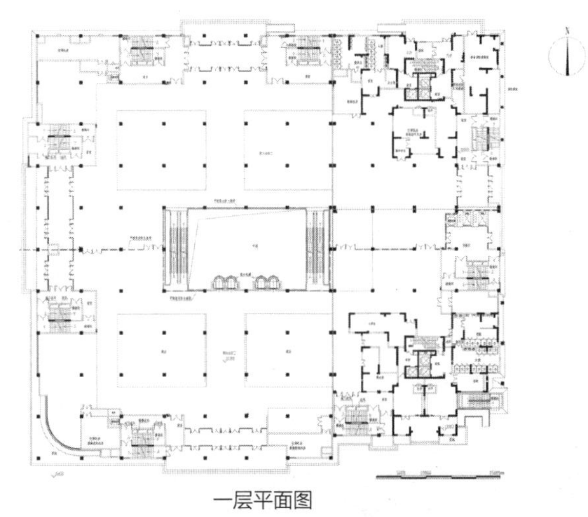

一层平面图

图5-2-1　郑州十里铺商业中心（中国 郑州）

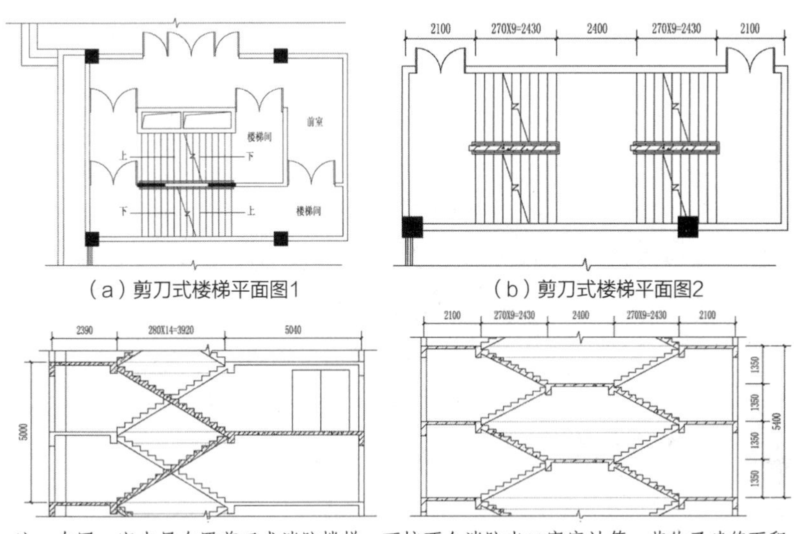

（a）剪刀式楼梯平面图1　（b）剪刀式楼梯平面图2

注：在同一室内层布置剪刀式消防楼梯，可按两个消防出口宽度计算，节约了建筑面积。

图5-2-2　剪刀式楼梯

注：消防安全设计要求如下：
①依据国家有关部门颁布的条例与规范；
②根据营业面积、总建筑面积（包括公共交通部分），估计最高集结人数，从而布置出入口宽度（楼梯总宽度）；
③满足两个出入口的间距要求；
④设置防御烟前室及送风进出装置；
⑤布置消火栓及顶部自动灭火装置；
⑥布置紧急疏散照明装置。

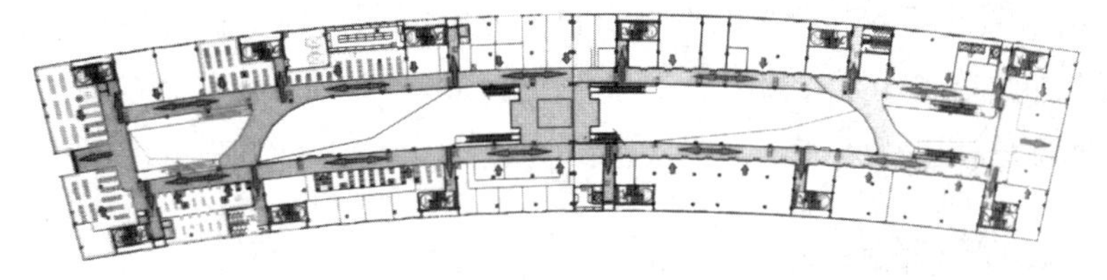

图5-2-3　郑州丹尼斯六天地购物中心平面布置及相关消防安全设施

注：除地面上设置疏散方向指示灯外，还设置以下设施：
①安全出口12个（不包括向长轴方向出口）；
②消火栓箱24个；
③灭火器箱4×40个；
④手动报器12个；
⑤防烟前室及疏散楼梯12座。

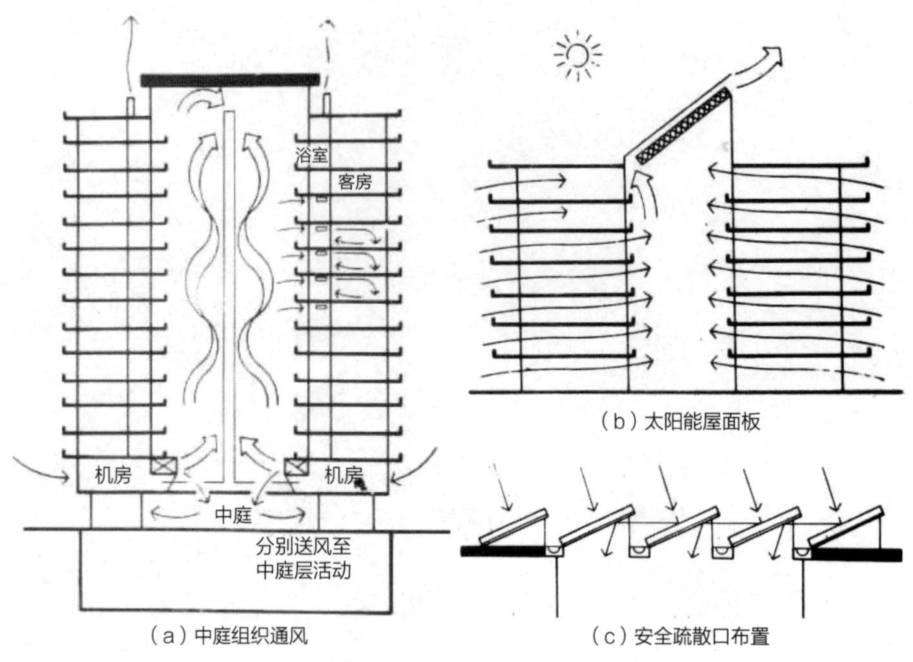

图5-2-4 降温中庭

注：①高技术，中庭的强制送风。新风由最底层客房下的环风管送入中庭，盘旋上升，中庭内的空气约每小时循环四次，每个客房都有新风加热和冷却的局部控制系统，客房空闲时，浴室间的排风系统仍不间断地工作。

②一般技术。中庭作为日光动力抽风管。除了使用空调以外，如果需要畅通的穿堂风，那么中庭上部的大型日光筒可以让客房自行调节室内通风。

③日光采集器屋顶。屋面上排列太阳能收集器，为空调系统提供能源，它们可以布置在中庭顶上，而不妨碍中庭采光。

5.2.1 安全措施

大型公共建筑的安全问题首先是在设计中必须自身解决安全问题，如火灾地震、海啸风暴、燃气管爆裂等，以及其他各种设施的隐患处理，其次，来自社会性公共安全的恐怖威胁，从20世纪以来迄今为止的恐怖事件引起了多方面的关注与顾虑，其主要是现代城市设计理念促使大型公建在构建与融合城市公共空间面向公众，加强开放性、公共性的同时，加强防患措施，防止与减少恐怖袭击带来的伤害，目前有的国家已着手制定必要的措施或规范，如建筑安全性的分类等级等。根据等级分类的安全设计措施主要分为以下两部分：

1. 安全监控措施

根据建筑类型等级设置进出控制系统，有的建筑入口需设置刷卡识别进入。有的需进一步人身安检，随着电子识别监控安全设施的发展，将方便地进行。

2．外部环境与安全

从中庭外部环境的布局如室外广场、主要出入口通道以及地下车库出入口做出细致安排。如中庭安全疏散出入口的位置、导向、楼梯的宽度以及与总出入口、地下车库的关系等，一些通道的自动控制活动障碍物的设施等，在中庭内部发生紧急情况时，人流方便地通向疏散出口、楼梯、防烟区、避难区或逃生区，同时外部救援人员快速地到达出事地点。因此，必须设置各类指示标志（图5–2–5）。

走道方向、楼梯位置等标志的作用：在空间中起着引导、定位、识别的作用，使人在新的环境中避免茫然、无所适从的心理；以简明图像、文字语言加强各种识别要求。

此外，建筑安全系统的营造，通信及电力必须分别走线，其备用系统与基本系统予以分设，表示清晰、醒目。

5.2.2　中庭防火设计

不同建筑的规模、层数、面积的中庭根据其类型、高度、使用性质、火灾危险性、疏散和扑救难度等而采取不同的设计手段，而中庭由于大都是贯穿多层的封闭空间，一旦发生火灾极易造成火势迅猛蔓延、烟气积聚，人流迅速地疏散成为重中之重。

首先要按照我国现行建筑防火设计规范《建筑设计防火规范》GB 50016–2014进行研习，在设计中严加执行，在遇到难以核查的新的问题时，还须进行国家消防主管部门组织专题研究、论证、审批。

本节中将参照有关规范从防火的基本概念、特点、方法、步骤做一介绍，为进行初步方案打下基础。

1．中庭防火设计的特点与要求

不同类型建筑中庭的集结人数是消防安全设计的立足点，在紧急疏散情况下，保证所有人员在最短时间内撤离现场，尤其在人员密集的大型多层的文化博览建筑、商业建筑中。据有关部门统计，我国大城市中，商业建筑节假日一天最高流动人次可达20万人之多，展览建筑在参观人员集中众多的情况下，以售票控制，并以轮番进场等控制馆内人数。

（1）“以人为本”，把人们活动安全放在第一位，充分考虑不同中庭人的行为特点与室内环境的关系。

在中庭大尺度的空间内，必须使人们在视觉范围内易于熟悉紧急疏散的

图5-2-5　各种安全与指示标志

出口，因此，各种通道安全楼梯标识、指示必须清晰可见、尺度恰当，避免被装饰所遮挡，加强识别性，起到引导的作用。

（2）除遵照现行国家颁布的有关防火规范外，如楼梯的疏散宽度、数量、位置以及防火分区等，应严格进行防火设计，相关特殊问题须报请消防部门进行审批。

（3）在《高层建筑混凝土结构技术规程》要求相关建筑中设置防烟前室的楼梯内，防止烟气扩散而侵袭造成人员的窒息而受害。在大空间开敞中庭的楼梯虽有利于提高空间的识别性，组织穿堂风、扩散烟气，加速交通疏散等，但大型商业建筑高大的中庭目前仅设计多组自动楼梯居多，设置开放楼梯较少，甚至不设一般楼梯，安全疏散楼梯往往布置在边侧而且相对隐蔽，一旦火灾烟起，自动扶梯关闭仍不利疏散。

（4）在大空间内的商业建筑中，除注意安全疏散设施的布局外，必须考虑采用先进的防排烟感应器、探测器，以及温差控制的自动喷水灭火设施。实验证明，大空间的玻璃顶棚在烈日高温下形成的热障现象会阻止烟气上浮灰尘，而使烟气在水平方向弥漫造成人员伤害。

（5）为消防灭火设置工作入口通道并附加一个楼梯，高层时须设消防人员专用电梯，其他电梯尤其是观光电梯将停止使用。从大多数空间来说，使用自动喷淋设备系统可以最有效发挥初期无火的作用，或在消防人员到达之前至少能控制火灾的范围。

2．防火设计的方法

（1）建筑分类：这是确定建筑防火设计的前提，如建筑的性质、高度、层数等。

（2）划分防火分区：在大面积的营业厅以及多层的中庭中，为防止火灾蔓延而进行水平防火分区及竖向防火分区的划分，一般采用防火卷帘、防火门或隔断进行划分，每一分区的控制面积也要按不同建筑性质，疏散楼梯、消防电梯进行安装。每一防火分区内应设置两个不同方向疏散的出入口。

（3）中庭的防火分区面积计算应按上、下层连通的面积叠加计算，但当上下开口部位设有面积极限大于3小时的特级防火卷帘或水幕等分隔设施时，其面积则可不叠加计算，可按正投影一次面积。

（4）裙房与高层：除不同功能的裙房与叠加高层部分的垂直交通防火必须严格分设外，高层部分穿越中庭各层的楼梯、电梯间应严加封闭。

（5）烟控：根据中庭的空间高度不同，将分别采取自然排烟或机械排烟设施。

（6）中庭玻璃幕墙以及天棚材料的钢结构与玻璃的耐火极限应符合《建筑防火规范》要求。

（7）中庭四周各高层楼面设置有自动喷淋系统保护的防火卷帘，起到卷帘冷却、延缓火势、降温的作用。

（8）中庭回廊应标识清晰的逃生以及通向疏散楼梯防烟前室及出口的方向，在中庭的各层层高超过5.4米时，采用剪刀式四折楼梯并双向布置防烟前室，在计算出口宽度时可按双倍计算。

5.3 造型装置

5.3.1 外部造型（图5-3-1～图5-3-9）

建筑形态的构成基本上分为建筑的外部造型与内部空间组合两大部分，而外部造型通常是指建筑的立面处理、设计造型手法以及风格形式等。

在当今建筑流派走向多元化的时代，公共建筑的创作更是在造型上（外部）、空间上（内部）发挥到了极致的水平。外部造型从现代主义早期的“形式追随功能”“有机建筑”，到后现代主义的流派林立，诸如“解构主义”“理性主义”“历史主义”等主义频出，理论的拓展，形式的追求，建筑创作标新立异，个性强烈，各显神通，以致发展到怪异，荒诞令人啼笑皆非的地步。但追溯现代建筑的本源，建筑本体的三要素，无论是从古典构图原理如主次，比例、尺度、均衡对比节奏，或是从现代构成点、线、面的构成错位、动感、穿插、扭曲等，无不为创造建筑美的造型而进行探索。所谓“仁者见仁，智者见智”，似乎无法用一个尺度去衡量它。一座座优秀的建筑必将在历史长河得到筛选积淀，成为经典。

如果从多角度、多方位去考察当代建筑外部造型，可由下列几方面的特征，为评析提供参照，也为今后创作提供借鉴。

（1）功能主义的关注；

（2）古典传统的传承与超越；

（3）历史、地域、文化的探术；

（4）生态绿色、新技术观念的融入；

（5）新手法、新理念的突破。

从公共建筑的不同类型上看，处理手法的侧重点也有所不同，如商业建筑外部造型以显示个性、强调唯一性以及给予人们视觉上的冲击力为主要特征。旅游建筑通常以其融入环境、为环境增色为前提，在造型上不落俗套，或乡土、或典雅、或高贵，给人们留下深刻的第一印象。

全景　　局部

图5-3-1　莲花国际广场（中国　上海）

图5-3-2　喜玛拉雅中心（中国　上海）

图5-3-3　上海雅诗阁淮海路服务公寓（中国　上海）

图5-3-4　贝斯特购物中心（美国）

图5-3-5　示例1

图5-3-6　凯德龙之梦（中国 上海）

图5-3-7　示例2

图5-3-8　京基·百纳空间(中国 深圳)

图5-3-9　上海环贸中心（中国 上海）

5.3.2 内部装修

1. 铺面设计

商业中庭单侧或双侧廊边的商铺，根据业态的分布，不同年龄、不同需求的商品安排，鳞次栉比的同行业商铺，可谓行业的竞争，从经营销售收益则是商业的集聚效应，俗话说“货比三家不吃亏”，因此，铺面的处理都以突出商品、显示品牌、宣传营销特色为主旨，调动一切装饰元素，做好铺面的内、外装饰，可谓花团锦簇、琳琅满目，令人目不暇接。

铺面处理一般为三种形式：

（1）橱窗式（图5-3-10～图5-3-15）：即用传统的玻璃隔断进行空间分隔，人们可直视室内的商品展示，当贵重物品展示时，设置小型展示窗重点加以显示。

图5-3-10 示例1

图5-3-11 示例2

图5-3-12 示例3

图5-3-13 示例4

图5-3-14 示例5

图5-3-15　示例6

（2）隔断式（图5-3-16～图5-3-19）：用装饰构件阻断人们的视线，或以连锁经营统一装饰符号，以体现商铺特色。

图5-3-16　示例1

图5-3-17　示例2

图5-3-18　示例3

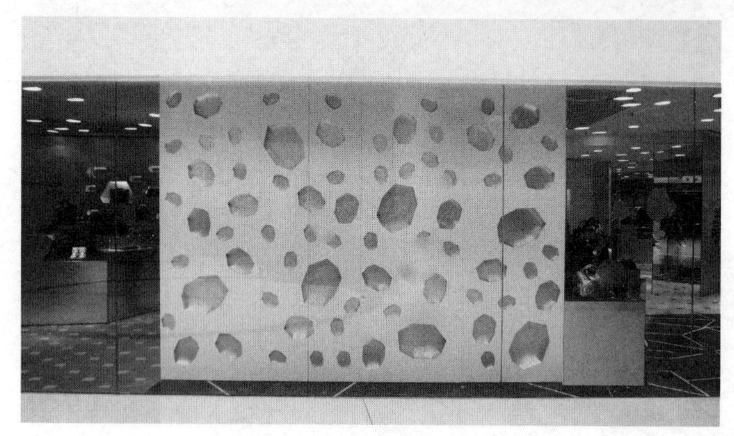
图5-3-19　示例4

（3）开敞式（图5-3-20～图5-3-23）或半开敞式（图5-3-24～图5-3-27）：开敞或半开敞式是用装饰货架摆出各式商品，顾客随意进出，店面内堂显露无遗。为了取得顾客对连续商铺牌号的识别，使得商铺的高度、商店标识及灯光投射等基本形式保持一致，一些著名品牌在各商场的连锁店通过统一的店面风格设计，获得消费者强烈的印象。

图5-3-20　开敞式示例1

图5-3-21　开敞式示例2

图5-3-22　开敞式示例3

图5-3-23　开敞式示例4

图5-3-24　半开敞式示例1

图5-3-25　半开敞式示例2

图5-3-26　半开敞式示例3

图5-3-27　半开敞式示例4

2．悬挂陈设（图5-3-28～图5-3-33）

随着季节变化，以及节庆活动、商品推介活动等的开展，悬挂陈设也需要不断变化，而中庭为各种悬挂陈设提供了一个广阔的平台与场所。悬挂陈设不仅为顾客创造了极富个性的环境，同时也成为中庭环境构成及空间造型不可或缺的一部分。

虽然悬挂陈设需要其他专业（如视觉传达设计、室内设计以及工业设计）的协作，但中庭空间的规模、尺度、构成是基本要求和基础条件。悬挂陈设一般为中庭的视觉中心、景点（如布幔、灯饰等），为中庭内部装修起到画龙点睛的作用。

图5-3-28　示例1

图5-3-29　示例2

图5-3-30　示例3

图5-3-31　示例4

图5-3-32　示例5

图5-3-33　示例6

3．色调灯光（图5-3-34～图5-3-37）

色彩灯光是烘托环境氛围的要素之一，依据色彩原理，色彩有色相、明度，纯度也有冷、暖、中性之分，主色调或总基调是中庭给予人们视觉的第一印象。

色彩灯光的浓烈、淡雅、艳丽、柔和的确定运用色系差别、面积大小、各个部位的处理，如对比、协调、重点等，加强色彩灯光的视觉效果。此外，不同区域的划分，通过基本色调的区分、建筑细节的差异，加深人们对中庭的印象，建筑材料的质感如木质、布幔、玻璃、钢材等在不同灯光色彩的照度下其视觉肌理、触觉肌理也会带给人们截然不同的感受甚至影响人们的心理变化。蜿蜒的天窗带或吊顶的图案、亮度，吸引着人们的视线并与垂直界面相融合，打破了边界的限定。

图5-3-34　示例1

图5-3-35　示例2

图5-3-36　示例3

图5-3-37　示例4

5.4 文化与营销

5.4.1 文化特色

中庭空间为室内设计提供了一个再创作的平台，有的在立意之初对文脉风格、地域特色、符号、生态、绿色、可持续发展等确定它的定向，在当今多元化时代，传承与创新永远是建筑发展的一个主题。因此，纵观中庭的风格大体有以下两种倾向（图5-4-1～图5-4-12）。

（1）以文脉的传承与延续，运用中、西传统建筑符号装点的室内处理，如柱头、栏杆、门、窗花式等，有的是显现的，有的是隐含的，有的是点到为止、恰到好处，有的是堆砌陈杂、缺乏韵味，这就代表了不同的创作水平。

（2）运用简洁的点、线、面现代构成，摒弃一切装饰线脚的手法，以材料、色彩、灯光打点空间，把自然要素光、水、绿化引入空间的简约主义、风格。

但无论哪一种风格或手法，都应把中庭设计为宜人的、符合生态环境的、安全的、多功能的开放空间，优秀的中庭设计必然是适应城市、环境，贴近于现代工作、生活要求，并反映一定历史时期、特定地域的文化。

图5-4-1　示例1

图5-4-2　示例2

图5-4-3　示例3

图5-4-4　示例4

图5-4-5　示例5

5.4.2　节庆装置（图5-4-6～图5-4-12）

每当元旦、元宵、端午、国庆、中秋等重大节日来临，各商业购物中心把中庭及流线各节点以及内外空间布置一新，各类装置艺术共同绽放，烘托了节日气氛。节庆装置成为装点中庭的重要角色，展现了各个国家、地区、民族的风格与时代特色。

图5-4-6　示例1

图5-4-7　示例2

图5-4-8　示例3

图5-4-9　示例4

图5-4-10　示例5

图5-4-11　示例6

图5-4-12　示例7

5.4.3　营销策略（图5-4-13～图5-4-15）

大型商业综合体的开发，是城市经济发展、人民生活水平提高的一个重要标志，在早期的购物中心的规划布局中，为发挥中庭的作用与特色，结合垂直交通布置、业态的分布，在宽敞的中庭设置音乐喷泉、商品展销以及观赏、文体娱乐的活动。

在信息快速发展之际，电商、网购冲击着实体商业，致使其产生生存危机，无论大型购物中心新项目的建设或是老项目的改造，都面临着新的挑战。

首先，新项目的开发从立项、市场调研与需求、业态分布、营销策略、经济效益等各个阶段，业主、设计人员、管理人员的全程参与合作，将会对项目的设计起到良好的作用。

其次，在一些老商业项目的调整改造中，除了考虑传统的生活用品、零售、餐饮的业态比例外，进行新的翻修改建，加强营销策略的研究，吸引了大量不同人流，增添了新的商业活力，实体商业以新的体验消费方式吸引不同层次的顾客群。因此，商业空间的划分必须考虑弹性的模式，以适应市场的不确定性。

上海淮海路商业圈的K11购物中心作为老商业的改造，把原先的培训功能全部改为特色餐饮服务，把各业态的比重进行调整，新增了约2000平方米的文化博物馆空间，促使商业与文化博览的联姻，以更开放的姿态吸引人流。

图5-4-13　大型儿童游戏气垫

图5-4-14　攀岩

图5-4-15　儿童攀登梯

附录

图1　太原艺术博物馆

中庭的空间形态是建筑设计创意的着力点，它将带给人们强烈的第一印象。

图2　某中庭

图3　艺术博物馆（以色列 特拉维夫）

图4　某中庭

不同公建类型的中庭空间，除具有共性的特点外，应以其鲜明的个性处理手法，显示其唯一性。

图5　越南博物馆（越南 河内）

中庭空间应充分考虑发挥其公共空间完善的功能性。

图6　西悉尼大学原学院（澳大利亚 新西威尔士）

图7　上海乐聚广场

中庭的空间构成要素：界面、联廊、垂直交通、屋盖天穹等从空间与视觉整体性方面使之协调、统一。

图8 澳大利亚国立大学赫德利布尔中心（澳大利亚 堪培拉）

图9 银河商厦（中国 北京）

弧线或流线型的挑廊，柔化了中庭的界面，增添了些许流动感。

图10 雅兰居

图11 帝苑酒店（中国 香港）

中庭空间的划分、垂直交通的布置以及栏杆、界面、节点、灯光的处理将显示出不同时代的同貌与文化品位。

图12　恒隆·湛江（中国 上海）

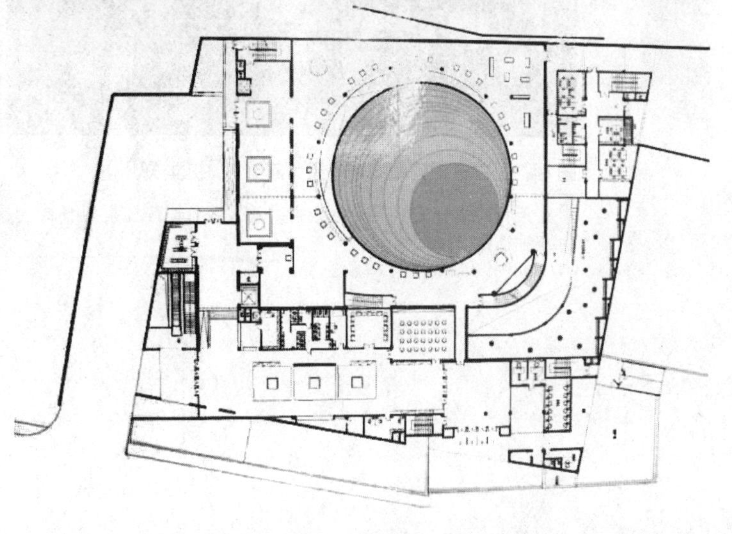

图13　龙门博物馆（中国 洛阳）

倒置的半圆形顶面、点面的采光天穹形成的中庭联系着周边的展厅，隐埋于半地下，融入龙门古迹的环境之中。

图14　汇兰一银河里商场（天幕应景）（中国 郑州）

中庭天棚的采光天穹、梁架结构以及天幕灯光等随着科技的发展提供了设计的不同造型与技术措施的多种选择。

图15 爱琴海购物公园（中国 上海）

图16 上海乐聚广场

图17 当代艺术博物馆与城市规划展销（中国 深圳）

商业、展览建筑的中庭垂直交通、天桥布局、选型不仅对流线、导向、安全、疏散起着关键作用，而且点缀与强化了内部空间的层次与完美效果。

图18　示例1

中庭的垂直交通布置选择的多样性、安全性、创新性成为内部空间设计的重点。

图19　示例2

图20　示例3

自由流线型的层次挑台、自动扶梯与坡道构成一处“人看人”全天候的公共活动场所。

图21　吉宝盛世湾会所（中国 深圳）

图22　熙地港商场1（中国 郑州）

图23　熙地港商场2（中国 郑州）

图24　某商场大厅（中国 上海）

图25　深圳音乐厅（中国 深圳）

图26　上海自然博物馆（中国 上海）

走向多元风格的现代建筑造型在创意上新颖、缤纷绽放，令人目不暇接，外部环境的优化，道路、广场、绿化、小品的配置往往成为城市形象的重要节点与亮点。

图27　世贸商场（中国 上海）

图28　万科广场（中国 上海）

图29　爱琴海购物公园（中国 上海）

参考文献

[1]《建筑学报》相关各期.

[2]《南方建筑》相关各期.

[3]《世界建筑导报》相关各期.

[4]《建筑与城市》相关各期.

[5]《建筑与环境》相关各期.

[6] 1000×Europe Architectrue I –IV.

[7] Chris VAN Uffelen: Malls Department Stores 1, 2 BRAUN.

[8] 龙志伟．新建筑语言2014（上下册）[M]．南宁：广西师范大学出版社，2014.

[9] 顾馥保．中国现代建筑100年［M］．北京：中国计划出版社，1999.

[10] 顾馥保．商业建筑设计（第二版）[M]．北京：中国建筑工业出版社，2003.

[11] ECAD-A+建筑专刊，2015相关各期.

[12] GA DOCUMENT各期.

[13] ThinkArchit工作室．全球建筑设计风潮（上下）[M]．武汉：华中科技大学出版社，2011.

[14] 石大伟，岳俊．中国青年建筑师［M］．南京：江苏人民出版社，2011.

[15] The Phaidon Atlas of Comtemporary World Architecture Ⅰ Ⅱ Ⅲ.